工业和信息化精品系列教材

Java程序设计
项目化教程

微课版

张玉叶 王彤宇 ◉ 主编
王艳娟 崔敏 刘文 ◉ 副主编

U0390237

PROJECT TUTORIAL OF
JAVA PROGRAMMING

人民邮电出版社
北 京

图书在版编目（ＣＩＰ）数据

Java程序设计项目化教程：微课版 / 张玉叶，王彤宇主编. —— 北京：人民邮电出版社，2023.1（2024.1重印）
工业和信息化精品系列教材
ISBN 978-7-115-60125-4

Ⅰ．①J… Ⅱ．①张… ②王… Ⅲ．①JAVA语言—程序设计—高等学校—教材 Ⅳ．①TP312.8

中国版本图书馆CIP数据核字(2022)第182482号

内 容 提 要

本书以一个完整的学生信息管理系统项目为载体，按照项目开发流程和学习者的认知规律，由浅入深、循序渐进地将 Java 程序设计的理论知识和关键技术融入各个任务中。通过一个个具体任务的完成到最终整个项目的实现，读者能够快速掌握 Java 程序设计的相关理论知识和职业技能，能够独立开发各种小型信息管理系统。

项目涉及的主要知识点和技能包括：开发环境的搭建、各种运算符与表达式的使用、3 种控制结构的使用、数组与方法的使用、类与对象的使用、异常处理、常用类库、集合、泛型、聚合操作、文件及目录操作等。

本书既可作为应用型本科或高职院校相关专业 Java 程序设计课程的教材或教学参考书，也可作为"1+X 大数据应用开发（Java）职业技能等级证书考试"的辅助用书，还可供广大计算机从业者和爱好者学习和参考。

◆ 主　　编　张玉叶　王彤宇
　　副 主 编　王艳娟　崔　敏　刘　文
　　责任编辑　马小霞
　　责任印制　王　郁　焦志炜
◆ 人民邮电出版社出版发行　　北京市丰台区成寿寺路 11 号
　　邮编　100164　电子邮件　315@ptpress.com.cn
　　网址　https://www.ptpress.com.cn
　　山东百润本色印刷有限公司印刷
◆ 开本：787×1092　1/16
　　印张：14　　　　　　　　　　2023 年 1 月第 1 版
　　字数：375 千字　　　　　　　2024 年 1 月山东第 3 次印刷

定价：56.00 元

读者服务热线：(010)81055256　印装质量热线：(010)81055316
反盗版热线：(010)81055315
广告经营许可证：京东市监广登字 20170147 号

前言 PREFACE

    Java 自问世以来，以其功能强大、跨平台、安全、性能优异等特点受到众多开发人员的喜爱，其应用领域也越来越广泛，从大型、复杂的企业级开发到小型移动设备的嵌入式开发，或者大数据、人工智能、电商网站、电子政务等方面的应用，随处可见其活跃的身影。Java 是目前应用非常广泛的一门程序设计语言，也是面向对象程序设计的代表性语言。

    近年来，随着大数据、人工智能等新兴技术的发展，相关行业对 Java 开发人员的需求量越来越大，越来越多的人开始学习与使用 Java。为帮助初学者更好地学习和掌握 Java 编程，秉承"以学习者为中心，以能力为本位，以行业需求为导向，立德树人，德技并重"的职业教育理念，采用"以项目为导向、以任务为驱动、融知识学习与技能训练于一体"的编写体系，将职业标准、岗位技能、专业知识、1+X 职业技能等级证书考试内容有机结合，校校、校企联合开发适合应用型本科和高职院校的融媒体新形态教材。

本书内容

    本书以一个学生信息管理系统项目为载体，按照项目开发流程划分为 9 个任务。

    任务 1 为项目开发环境搭建。通过本任务的实施，读者可以了解 Java 的发展、特点、应用领域，掌握 JDK 的下载与安装方法，能够熟练使用集成开发工具 IDEA。

    任务 2 为单个学生成绩处理。通过本任务的实施，读者可以掌握数据类型、运算符及表达式的使用方法，能够熟练使用各种基本数据类型及运算符完成相应的计算。

    任务 3 为系统界面设计与实现。通过本任务的实施，读者能够熟练掌握 3 种基本控制结构的使用方法。

    任务 4 为批量学生成绩处理。通过本任务的实施，读者能够熟练掌握数组和方法的使用方法。

    任务 5 为学生基本信息管理模块实现。通过本任务的实施，读者可以了解面向对象编程的思想，掌握类与对象的使用方法，能够熟练使用面向对象编程解决实际问题。

    任务 6 为系统异常处理。通过本任务的实施，读者可以了解异常的概念及分类，掌握异常处理机制，能够合理利用异常提高程序的健壮性。

    任务 7 为查找功能实现。通过本任务的实施，读者可以了解和掌握 Java 的常用基础类库的使用方法，能够熟练使用基础类库解决实际问题。

    任务 8 为系统存储结构优化。通过本任务的实施，读者可以了解和掌握 Java 中集合、泛型、聚合操作的使用方法，能够熟练使用不同集合解决实际问题。

    任务 9 为数据的导入/导出。通过本任务的实施，读者可以了解和掌握 Java 中输入输出流及 File 类的使用方法，能够熟练进行文件和目录的相应操作。

    每个任务均由任务描述、技术准备、任务实施、任务小结、练习题、拓展实践项目 6 部分构成。任务描述通过情景导入的方式给出要完成的任务；技术准备给出完成任务所需的理论知识；任务实施介绍如何利用所学知识完成任务，将理论知识转化为岗位技能；任务小结总结回顾本任务所用的知识和技能；练习题用于巩固理论知识、提升读者的编程能力；拓展实践项目用于进一步提升读者的岗位技能。

本书特色

本书的主要特色如下。

一、以"立德树人，德技并重"为主线，全面提升综合素养

本书以党的二十大精神为指引，融价值塑造、知识传授和能力培养于一体，力求全面提升读者的综合素质

和职业素养。使用正版软件，将网络安全和知识产权保护融入其中；编码规范，代码可重用、可维护、可读等，将职业要求和职业素养渗透其中；选取弘扬社会正能量的编程案例，在提升技能的同时将社会主义核心价值观悄然融入其中；在程序调试、优化过程中培养读者耐心细致、精益求精的工匠精神；在任务实施过程中培养读者团队合作精神，锻炼读者沟通协调能力；在拓展实践项目中介绍如何将所学应用于所需，培养读者自主学习能力和独立解决问题的能力。

二、采用"以项目为导向，以任务为驱动，融知识学习与技能训练于一体"的编写体系

本书遵循职业教育教学规律和技能人才培养规律，打破传统的学科知识体系的编写模式，对课程知识点进行重构，由浅入深、循序渐进地将 Java 程序设计的理论知识和关键技术融入各个任务中。通过各任务的实施到整个项目的完成，读者能够快速掌握 Java 基础理论知识，培养 Java 编程技能，提高项目实战能力。

三、"校企行"紧密结合，优化教学内容

本书的编写成员来自济南职业学院、山东师范大学、浪潮软件股份有限公司等，形成了一支学校、企业、行业紧密结合的课程建设团队，使得内容的组织与安排不但符合学习者的学习规律，而且紧跟技术发展潮流，满足企业实际需求。

四、"岗课证"有机融合

本书在内容选取和编排上融合了 1+X 大数据应用开发（Java）职业技能等级证书考试的相关技能要求，使得岗位标准、课程内容和职业技能有机融合，能够有效提升读者的岗位技能。

五、结构合理，资源丰富

本书结构合理，课程配套资源丰富，可充分满足线上/线下混合式教学或自主学习。

本书参考学时为 60~68 学时，建议采用理论与实践一体化教学模式，基于精讲多练的方式进行教学。

本书主要执笔人员为：任务 1，张玉叶、王艳娟；任务 2，崔敏、王彤宇；任务 3，崔敏、刘文；任务 4，张玉叶、王艳娟；任务 5，张玉叶、刘文；任务 6，张玉叶、崔敏；任务 7，张玉叶、王艳娟；任务 8，崔敏、王艳娟；任务 9，张玉叶、王彤宇。全书由张玉叶、王彤宇统稿。在本书内容的选取、项目的制作过程中，编者得到了浪潮软件股份有限公司穆建平的大力支持，山东师范大学的鲁燃对本书内容、结构和课程思政部分提出了合理化建议，还有其他参与课程建设与本书编写的人员未能一一列出，在此一并表示感谢！

尽管编者在编写本书过程中力求准确、完善，但书中仍有疏漏或不足之处，恳请广大读者批评指正，在此深表谢意！

编　者

2023 年 5 月

目录 CONTENTS

任务 8

系统存储结构优化（集合）·····152

任务 9

数据的导入/导出（I/O 流）·············195

任务1
项目开发环境搭建
（初识Java）

Java 是目前应用广泛的一门语言，其以简洁、实用、平台无关性及面向对象等特点深受人们的喜爱。本部分内容将主要介绍 Java 语言的发展、特点、应用领域及 Java 程序的运行机制，JDK 的安装与配置，开发工具 IDEA 的简单使用。

教学与素养目标

> 明确编程技术的重要性，激发学生的家国情怀和使命担当
> 培养版权意识，尊重知识产权，使用正版软件
> 了解 Java 语言的发展、特点及应用领域

> 理解 Java 程序的运行机制
> 掌握 Java 程序的编译和运行方式
> 能够下载与安装 JDK
> 能够熟练配置系统环境变量
> 能够编译和运行 Java 程序

1.1 任务描述

某项目组接到一个新项目，要为某学校开发一个学生信息管理系统，经过与客户沟通交流，确定该系统的主要功能模块如图 1-1 所示。整个学生信息管理系统主要包括两大模块，即基本信息管理和学生成绩管理。基本信息管理模块的主要功能有学生信息的添加、删除、修改、显示以及学生数据的导入、导出等，学生成绩管理模块的主要功能有统计课程最高分、最低分、平均分和不及格人数等。

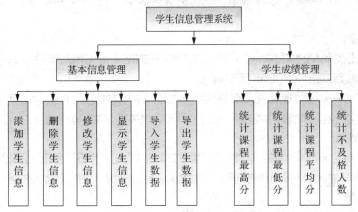

图 1-1 学生信息管理系统功能模块

"工欲善其事，必先利其器"，为顺利完成项目开发，该项目组决定采用 Java 语言进行开发。首先需要搭建项目开发所需的环境。本任务的主要内容就是了解项目所用的开发语言，搭建项目开发所需的环境，掌握开发环境和开发工具的基本使用方法。

1.2 技术准备

Java 是当前最流行的程序设计语言之一，自问世以来便一直深受广大编程人员的喜爱，特别是在当下的网络时代，Java 的应用非常广泛，从大型、复杂的企业级开发到小型移动设备的开发，或者是大数据、人工智能等方面的应用，随处可见 Java 活跃的身影。为什么 Java 如此受欢迎？让我们来了解 Java，揭开其神秘的面纱吧！

1.2.1 Java 简介

Java 是一门跨平台、完全面向对象的高级程序设计语言，于 1995 年 5 月由 Sun 公司（2009 年 4 月 20 日被 Oracle 公司收购）推出。针对不同的开发需求，Java 被划分为 3 个技术平台，分别是 Java SE、Java EE 和 Java ME。

1. Java SE

Java 平台标准版（Java Platform Standard Edition，Java SE）是为开发普通桌面和商务应用程序提供的解决方案，是 3 个平台中核心的部分，Java EE 和 Java ME 都是在 Java SE 的基础上发展而来的。Java SE 包括 Java 核心的类库，如字符串、集合、I/O、数据库操作及网络编程等。

2. Java EE

Java 平台企业版（Java Platform Enterprise Edition，Java EE）是为开发企业级应用程序提供的解决方案，主要用于开发、装配及部署企业级应用程序，提供 Servlet、JSP、JavaBean、EJB、Web Service 等相应技术。

3. Java ME

Java 平台微型版（Java Platform Micro Edition，Java ME）是为开发电子消费产品和嵌入式设备提供的解决方案，主要用于微型数字电子设备上软件程序的开发。

1.2.2 Java 语言的特点

Java 之所以深受广大编程人员的喜爱，是因为它有众多突出的特点，与 C、C++语言相比，其主要的特点如下。

1. 简单、易用

Java 是一门相对简单的编程语言，它通过提供基本的方法来完成指定的任务，只需掌握一些基础的概念和语法，就可以编写出很多实际可用的程序。

Java 丢弃了 C++中很难理解的运算符重载、多重继承等模糊概念，同时不再使用 C 语言中的指针，而使用引用，并且提供自动垃圾回收机制，使开发者不必过多操心内存管理问题。

2. 完全面向对象

Java 语言采用完全面向对象的编程思想，相比传统的结构化程序设计思想，面向对象编程思想更加符合人们对现实世界的认知，同时更有利于人们对复杂问题的理解、分析及程序的设计和编写。

3. 安全、可靠

Java 语言不再支持指针，一切对内存的访问都通过引用变量来实现，这避免了直接操作内存带来的内存泄露等问题。Java 还提供了一套可靠的安全机制来防止恶意代码的攻击，程序运行之前会利用字节码校验器进行代码的安全检查，确保程序不会存在非法访问本地资源、文件系统等问题，保证程序安全、可靠。

4. 平台无关性

Java 引入了虚拟机的概念，通过 Java 虚拟机（Java Virtual Machine，JVM）可以在不同的操作系统（如 Windows、Linux 等）上运行 Java 程序，从而实现"一次编写，到处运行"的跨平台特性。

5. 简洁、高效

Java 语言内置了多线程编程接口，利用 Java 的多线程编程接口，开发人员可以更加简洁、方便地开发多线程应用程序，有效提高程序的执行效率。

1.2.3 Java 程序运行机制

Java 程序运行时，需要经过编译和运行两个步骤。首先对扩展名为".java"的源文件进行编译，生成扩展名为".class"的字节码文件。然后，由 JVM 对字节码文件进行解释执行，得到程序运行结果。

由此可以看出，Java 程序是由 JVM 负责解释执行的，并非操作系统，这样就可以很容易地实现 Java 程序的跨平台性。只需要在不同的操作系统中安装相应的 JVM，就可以运行相同的 Java 程序。不同的操作系统对应不同的 JVM，正是这一方式实现了 Java 程序 "一次编写，到处运行"的特性，有效解决了同一程序在不同操作系统编译时会产生不同机器代码的问题，从而大大降低了程序开发、维护和管理成本。

需要注意的是，Java 程序通过 JVM 实现了跨平台性，但 JVM 本身并不是跨平台的，即不同操作系统上的 JVM 是不同的，如 Windows 平台上的 JVM 不能在 Linux 平台上，Linux 平台上的 JVM 不能用在 Windows 平台上。

1.2.4 Java 开发环境

为使开发者能够编译和运行 Java 程序，Sun 公司提供了一套 Java 开发工具包（Java Development Kit，JDK），其中包括 Java 编译工具、Java 运行工具、Java 文档生成工具、Java 打包工具等。

如果只是运行 Java 程序，则可以使用 Sun 公司提供的 Java 运行环境（Java Runtime Environment，JRE），JRE 只包含 Java 运行工具，不包含 Java 编译工具。

为方便开发者使用，Sun 公司在其 JDK 中内置了一个 JRE，即开发环境中包含运行环境。因此，开发者只需要在计算机上安装 JDK 即可，无须另行安装 JRE。

1.2.5 JVM、JRE 与 JDK 之间的关系

JVM 是运行 Java 程序的核心虚拟机，但运行 Java 程序不仅需要核心虚拟机，还需要类加载器、字节码校验器及 Java 的基础类库等，因此 JVM 只是 JRE 的一部分。开发 Java 程序时，除了需要一些开发工具，还需要运行工具，因此 JDK 包含 JRE。JVM、JRE 与 JDK 之间的关系如图 1-2 所示。

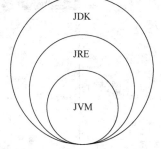

图 1-2 JVM、JRE 与 JDK 之间的关系

1.3 任务实施

了解 Java 语言后，接下来开始搭建项目开发所需的开发环境，整个项目的开发环境主要由两部分组成：Java 开发环境和 Java 集成开发工具。因此需要先下载并安装 JDK，然后安装相应的集成开发工具。

1.3.1 JDK 的下载与安装

JDK 的下载
与安装

1. JDK 的下载

因 JDK 发展较快、版本众多，有些版本并不稳定，且市场使用率较低，所以选用目前业界应用非常广泛的 JDK 8（也称为 Java 8 或 JDK 1.8）。进入 Oracle 官网 JDK 下载页面，找到要下载的版本，根据计算机操作系统及操作系统位数选择相应的安装文件，如针对 64 位 Windows 操作系统，可选择图 1-3 所示的"Windows"选项卡中的第 2 项。下载下来的文件为一个扩展名为".exe"的可执行文件。

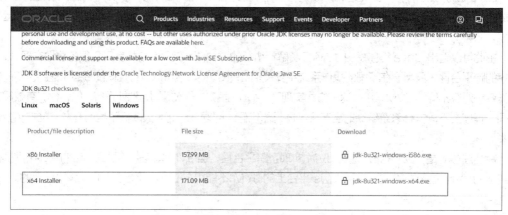

图 1-3　JDK 下载页面

2. JDK 的安装

下面以 Windows 10 操作系统为例演示 JDK 的安装过程。运行下载的 JDK 安装文件，进入 JDK 的安装界面，如图 1-4 所示。单击"下一步"按钮，进入 JDK 的"定制安装"对话框，在"定制安装"对话框中可以自定义安装功能及安装路径。

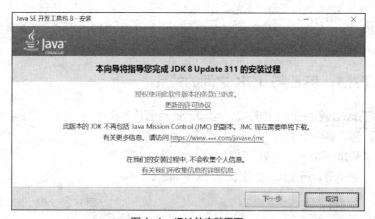

图 1-4　JDK 的安装界面

（1）自定义安装功能

JDK 的"定制安装"对话框如图 1-5 所示。此对话框左侧有 3 个功能模块（开发工具、源代码、公共 JRE）可供用户选择，通常情况下，只需选择"开发工具"和"源代码"两个功能模块即可，前面介绍过开发工具包含 JRE，因此无须再安装"公共 JRE"。

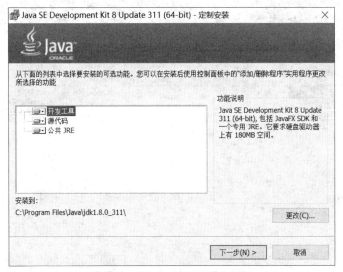

图 1-5　JDK 的"定制安装"对话框

（2）自定义安装路径

安装时如果要修改安装路径，则单击图 1-5 所示界面右下角的"更改"按钮，弹出"更改文件夹"对话框，在"文件夹名"文本框中输入更改的路径即可，如图 1-6 所示。

 提示　JDK 的安装目录中最好不要出现中文或者空格之类的特殊符号，避免以后出现一些莫名的错误。

图 1-6　"更改文件夹"对话框

安装路径设置完毕，单击"确定"按钮，返回"定制安装"对话框，定制完成后的结果如图 1-7
所示。

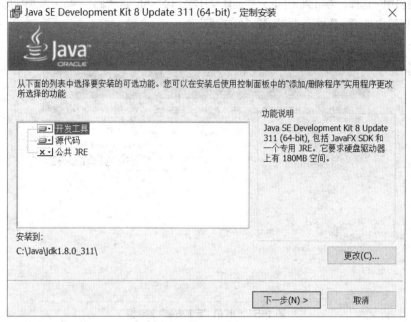

图 1-7　设置完成后的结果

（3）完成 JDK 的安装

在图 1-7 所示的对话框中单击"下一步"按钮，开始安装 JDK。安装完毕会进入"完成"对话框，
如图 1-8 所示，单击"关闭"按钮，完成 JDK 的安装。

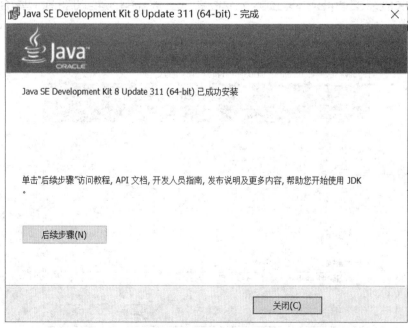

图 1-8　JDK 安装完成

1.3.2 环境变量的设置

JDK 安装完成后，编译和运行 Java 程序的文件（javac.exe 和 java.exe）都放在 JDK 的安装目录下的 bin 目录中，如果没有进行特殊设置，则运行相应的文件需要切换到文件所在目录中才可以。要想在系统中的任何位置都能编译和运行 Java 程序，可以设置 Path 环境变量来实现。

1. 设置 Path 环境变量

以 Windows 10 操作系统为例，右击桌面上的"此电脑"，在弹出的快捷菜单中选择"属性"命令，在弹出的系统窗口中选择"高级系统设置"，弹出"系统属性"对话框，单击"高级"选项卡中的"环境变量"按钮，打开"环境变量"对话框。新建一个系统变量，将"变量名"设为 JAVA_HOME，"变量值"设为 JDK 的安装目录（路径为用户实际的 JDK 安装目录），如图 1-9 所示。设置完成后，单击"确定"按钮返回"环境变量"对话框。

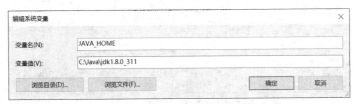

图 1-9 "编辑系统变量"对话框

在"环境变量"对话框中选中"系统变量"列表框中的"Path"，如图 1-10 所示，然后单击"编辑"按钮，在弹出的"编辑环境变量"对话框中单击右侧的"新建"按钮，在左侧列表中输入"%JAVA_HOME%\bin"，如图 1-11 所示。其中"%JAVA_HOME%"代表环境变量 JAVA_HOME 的当前值（即 JDK 的安装目录），实际上就是把 javac.exe 和 java.exe 所在的 bin 目录添加到 Path 环境变量中。设置完成后，依次单击"确定"按钮，完成 Path 环境变量的设置。

图 1-10 "环境变量"对话框

图 1-11 "编辑环境变量"对话框

> **提示** 在配置环境变量时，也可以不配置 JAVA_HOME 环境变量，而直接把 JDK 安装目录下的 bin 目录（C:\Java\jdk1.8.0_311\bin）添加到 Path 环境变量中。配置 JAVA_HOME 的好处是，当 JDK 的版本或安装路径发生变化时，只需要修改 JAVA_HOME 的值，而不用修改 Path 环境变量的值。

2. 验证 Path 环境变量

为了验证 Path 环境变量是否配置成功，进入命令提示符窗口，随意切换到某个目录（只要不是 JDK 的安装目录下的 bin 目录即可），执行 javac 命令，如果能正常显示 javac 命令的帮助信息，如图 1-12 所示，则说明 Path 环境变量配置成功。

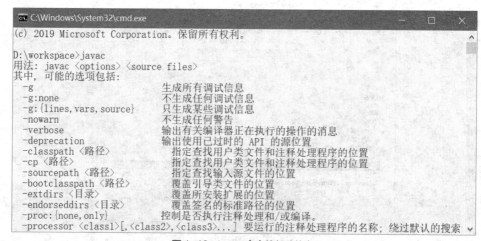

图 1-12 javac 命令的帮助信息

1.3.3　编写第一个 Java 程序

JDK 安装完毕，就可以编写 Java 程序了。Java 程序的建立及运行通常分为以下3步。

（1）利用文本编辑器编写 Java 源程序，文件扩展名为".java"。

（2）编译源程序。

（3）运行程序。

接下来介绍如何编写第一个 Java 程序。

【例 1-1】在屏幕上输出一句话"Hello，China!"。

创建一个目录用于存放要编写的 Java 程序，在此以"D：\javatest"目录作为存放 Java 程序的目录。

1. 编写源程序

在"D：\javatest"目录中新建一个文本文件，将其重命名为 HelloChina.java（注意文件名的大小写），然后将此文件用记事本打开，在里面输入代码，具体内容如图 1-13 所示。

```
HelloChina.java - 记事本                      —    □    ×
文件(F)  编辑(E)  格式(O)  查看(V)  帮助(H)
public class HelloChina {
      public static void main(String[] args) {
            System.out.println("Hello,China!");
      }
}

                 第 8 行，第 1 列     100%   Windows (CRLF)    UTF-8
```

图 1-13　HelloChina.java 文件

代码说明如下。

（1）public class HelloChina 表示定义一个公共类，类名为 HelloChina。public 和 class 都是系统关键字，public 是修饰符，表示访问控制权限；class 用于定义类，类的所有内容用一对花括号标注。类名 HelloChina 表示所定义的类的名称，由开发者自行确定，通常情况下类名都采用首字母大写的形式。

（2）Java 是完全面向对象的编程语言，因此在 Java 中，类就是一个程序的基本单元，所有的代码都需要写在类中。在一个程序中可以定义若干个类，但只能定义一个 public 类，即只能在一个类前用 public 修饰。如果程序中定义了 public 类，那么源程序文件名必须与 public 修饰的类名保持一致。如果程序中没有 public 类，则源程序文件名可以任意指定。

（3）public static void main(String[ ]args){ }定义了一个 main()方法，该方法是 Java 程序的执行入口，程序将从 main()方法所属花括号内的代码开始执行。

（4）main()方法的语句 System.out.println("Hello，China!");的作用是在屏幕上输出信息，输出的内容就是双引号标注的内容。

提示　Java 是对大小写敏感的语言，因此程序中字母的大小写不能随意书写。

2. 编译源程序

进入命令提示符窗口，切换到源程序文件所在的目录，执行命令"javac HelloChina.java"，该命令执行后如果没有任何提示信息，再次出现命令提示符则表示编译通过，如图 1-14 所示。

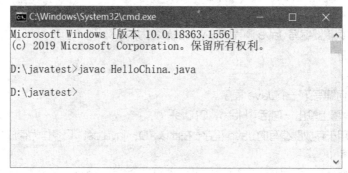

图 1-14　编译源程序

编译结束后，会在当前目录下生成一个字节码文件"HelloChina.class"。

如果一个程序包含多个类，那么编译后每个类都会对应生成一个以类名为文件名的字节码文件。

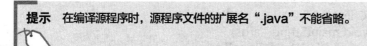

提示　在编译源程序时，源程序文件的扩展名".java"不能省略。

3. 运行程序

在命令提示符窗口中输入命令"java HelloChina"运行编译好的字节码文件，会在下方输出内容"Hello，China!"，运行结果如图 1-15 所示。

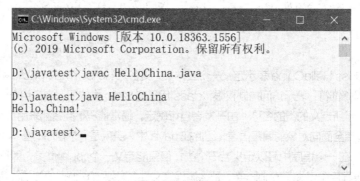

图 1-15　运行程序

1.3.4　IntelliJ IDEA 的使用

IDEA 的使用

　　　　使用记事本编写代码速度较慢，出错时不易排查，而且编译和运行程序都需要手动输入命令，所以在实际项目开发过程中很少使用它来编写代码。为了提高程序开发效率，我们通常会选择一款集成开发环境（ Integrated Development Environment，IDE ）来进行程序开发。常用的 Java 集成开发工具很多，如 IntelliJ IDEA、Eclipse、JCreator、NetBeans 等。在此我们选用业界应用较广的 IntelliJ IDEA（ 简称 IDEA ）

作为本项目的开发工具。

IDEA 是 JetBrains 公司的产品，分为商业版和社区版。读者可根据自身情况到其官网下载相应的版本，然后根据提示进行安装。本项目选用 2019 社区版。下面介绍如何在 IDEA 中编写并运行 Java 程序。

1. 新建项目

在 IDEA 的菜单栏中选择【File】→【New】→【Project】命令，在弹出的对话框的左侧选择"Java"选项，在"Project SDK"下拉列表中选择要使用的 JDK 的版本。如已经安装的版本没有出现在该下拉列表中，则单击其右侧的"New"按钮，在出现的对话框中找到已经安装的 JDK 的安装目录，将其选中后单击"OK"按钮返回，设置结果如图 1-16 所示。然后单击"Next"按钮，在出现的"Project name"（项目名称）文本框和"Project location"（项目路径）文本框中根据需要设置好相应的内容，如图 1-17 所示。设置完成后单击"Finish"按钮，完成项目的创建，如图 1-18 所示。

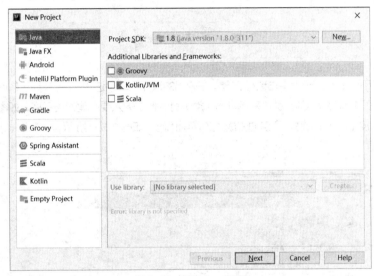

图 1-16　新建 Java 项目

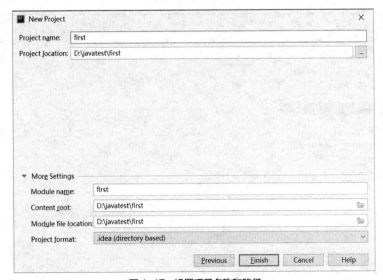

图 1-17　设置项目名称和路径

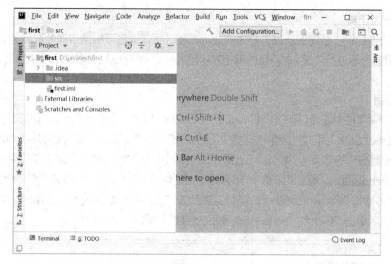

图 1-18　项目新建完毕

2. 新建类

在项目名称下的 src 目录上单击鼠标右键，在弹出的快捷菜单中选择【New】→【Java Class】命令，在弹出的"New Java Class"（新建 Java 类）对话框中输入要新建的类名称，如图 1-19 所示。类名输入完成后按【Enter】键，会自动生成类的声明代码，如图 1-20 所示。

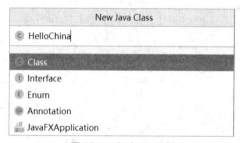

图 1-19　新建 Java 类

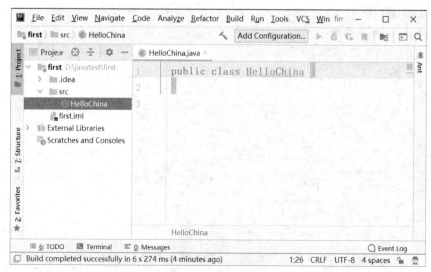

图 1-20　类新建完成

在代码编辑区输入程序源代码，代码输入完成后，单击类名或 main()方法前面的箭头，在出现的菜单中选择第 1 项（见图 1-21），也可直接在代码编辑区单击鼠标右键，在弹出的快捷菜单中选择"Run'HelloChina.main()'"，此时程序会自动编译并运行，程序运行结果会出现在"Run"窗口中，如图 1-22 所示。

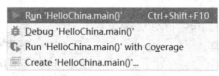

图 1-21　运行选项

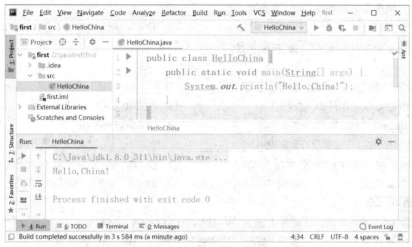

图 1-22　程序运行结果

1.4　任务小结

通过完成本任务，我们了解了 Java 语言的发展、特点及 Java 程序的运行机制，掌握了 Java 开发环境的搭建方法，能够独立完成 JDK 的下载与安装，能够编写简单的 Java 程序，并能通过命令编译和运行程序，同时掌握了集成开发工具 IDEA 的基本操作方法。支持正版软件，远离盗版软件，下载软件要去官网，避免使用来路不明的软件。

1.5　练习题

一、填空题

1. Java 程序的运行环境简称为_____。
2. Java 程序的开发环境简称为_____。
3. 编译 Java 源程序需要使用_____命令。
4. javac.exe 和 java.exe 两个可执行文件存放在 JDK 安装目录的_____目录下。
5. Java 源程序文件的扩展名为_____。

二、判断题

1. 通过 JVM 可以在不同的操作系统上运行 Java 程序，从而可实现 Java 跨平台特性。（　　）

2. JRE 包含 Java 基础类库、JVM 和 JDK。（　　　）

3. Java 程序文件的扩展名可任意指定。（　　　）

4. Java 应用程序从 main()方法开始执行。（　　　）

5. Java 语言和 C 语言一样，是面向过程的语言。（　　　）

三、选择题

1. 安装好 JDK 后，其 bin 目录中 javac.exe 文件的作用是_____。
   A. Java 文档制作工具　　　　　　　　B. Java 解释器
   C. Java 编译器　　　　　　　　　　　D. Java 启动器

2. 如果 JDK 的安装路径为 D：\jdk，则想在命令提示符窗口中的任何路径下都可以直接使用 javac 和 java 命令，需要将环境变量 Path 设置为_____。
   A. D：\jdk　　　　B. D：\jdk\bin　　　　C. D：\jre\bin　　　　D. D：\jre

3. 可以在 JVM 中运行的文件的扩展名是_____。
   A. .java　　　　　B. .jre　　　　　C. .exe　　　　　D. .class

4. 下面选项中对类 HelloJava 定义正确的是_____。
   A. public class HelloJava　　　　　　B. public class hellojava
   C. public class hello java　　　　　　D. public HelloJava

5. 下面对 main()方法定义正确的是_____。
   A. public void main(String[ ]args)　　　B. public static void main(String[ ] args)
   C. public static void main(string[ ]args)　　D. public static void main(String args)

四、上机练习题

1. 利用记事本编写程序，在屏幕上输出"Welcome to learn Java!"。

2. 利用 IDEA 编写程序，在屏幕上输出"宝剑锋从磨砺出，梅花香自苦寒来!"。

1.6 拓展实践项目——商品信息管理系统需求分析

【实践描述】

为积极响应国家"乡村振兴"战略，提升乡村产业信息化、智能化，某项目组决定为某乡村的学生用品店铺开发一个商品信息管理系统，以帮助其更好地了解和管理所售商品。该系统由两大模块构成：商品基本信息管理模块和商品销量统计模块。商品基本信息管理模块的主要功能有：商品基本信息的添加、删除、修改和显示，以及商品数据的导入、导出。商品销量统计模块的主要功能有：按季度统计商品的最高销量、最低销量、平均销量。

【实践要求】

请根据客户需求画出相应的系统功能图。商品基本信息如表 1-1 所示。

表 1-1　商品基本信息

编号	名称	第一季度销量	第二季度销量	第三季度销量
1001	书桌	380	397	290
1002	台灯	200	156	260
1003	椅子	480	520	490
1004	书架	150	320	530
……	……	……	……	……

任务2
单个学生成绩处理
（Java基础）

02

要使用 Java 编写程序，需要了解和掌握 Java 基础语法。本部分内容将主要介绍 Java 中的标识符与关键字、数据类型、常量与变量、运算符及表达式的使用。

教学与素养目标

> "万丈高楼平地起"，培养学生重基础、重实践、脚踏实地的工作态度

> 了解 Java 中常用的关键字

> 理解标识符的作用及其命名规则

> 掌握各种基本数据类型的表示及类型转换的方法

> 掌握常量、变量、运算符和表达式的使用方法

> 能够正确、规范命名标识符

> 能够正确使用常量和变量

> 能够熟练使用各种基本数据类型和运算符完成简单的计算

2.1　任务描述

在学生成绩管理模块中需要完成学生课程成绩的相关处理，如统计每门课程的最高分、最低分、平均分、不及格人数等。本任务主要完成对单个学生成绩的处理：统计某个学生所选课程的总分和平均分。完成本任务需要了解和掌握在 Java 中编写程序的基本知识：数据的表示、存储和运算等。

2.2　技术准备

每种编程语言都有相应的语法规则，Java 也不例外。要想使用 Java 编写程序解决实际问题，首先需要了解和掌握 Java 语言的基本语法规则。

2.2.1　注释

在编写程序时，为了提高程序可读性，通常会在实现功能的同时为代码添加一些注释。注释只在 Java 源文件中有效，在编译程序时编译器会忽略这些注释信息，不会将其编译到字节码文件中。Java 中的注释有 3 种：单行注释、多行注释和文档注释。

注释

1. 单行注释

单行注释以"//"开始，可以单独成行，也可以跟在某行代码的后边。

2. 多行注释

多行注释以"/*"开始，以"*/"结束，中间可以有若干行内容。

3. 文档注释

文档注释以"/**"开始，以"*/"结束。文档注释通常是对程序中某个类或类中方法进行系统性的解释说明，可以使用 JDK 提供的 javadoc 工具将文档注释提取出来生成一份 API（Application Program Interface，应用程序接口）帮助文档。

下面的程序段演示了 3 种注释的使用。

```java
public class HelloWorld {
    /**
     * @param args 参数
     */
    public static void main(String[ ] args) {
        /*
        下面的程序段用于在屏幕上输出内容
         */
        System.out.println("hello, world!");   //输出内容
    }
}
```

2.2.2 标识符与关键字

在编写程序时，需要用到一些符号来标记一些名称，如程序文件名、变量名等，这些符号称为标识符。

1. 标识符

标识符是由程序开发人员自己定义的一些符号，这些符号用来标识编写程序时用到的变量名、类名、方法名、文件名等。简单地说，标识符就是一个名称。

使用标识符时应遵循以下几点。

（1）标识符只能由字母、数字、下画线（_）和美元符号（$）组成，不能以数字开头。其长度没有限制，如 userName、user123、_user、$user 都是合法的标识符，但 123user、user name 是非法标识符。

（2）标识符对大小写敏感，即严格区分大小写，所以 age 和 Age 是两个不同的标识符。

（3）不能使用关键字作为标识符。

（4）标识符命名尽量做到见名知意，如用 score 表示成绩，用 age 表示年龄。良好的标识符命名规范可有效提高程序可读性。

2. 关键字

关键字是指 Java 中事先定义好并赋予了特殊含义的单词，如 public、class 等，每个关键字都有其特殊的含义和作用，不允许通过任何方式改变其含义，也不允许将其作为变量名、文件名等标识符。Java 中的关键字均用小写字母表示，常用关键字如表 2-1 所示。

表 2-1 Java 常用关键字

abstract	boolean	break	byte	case
catch	char	class	const	continue
default	do	double	else	extends

续表

final	finally	float	for	if
implements	import	int	interface	long
new	package	private	protected	public
return	static	super	switch	this
throw	throws	try	void	while

2.2.3 数据类型

Java 中的数据类型分为基本数据类型和引用数据类型两大类。基本数据类型主要有整型、浮点型、字符型和布尔型，引用数据类型主要有类和数组等，如图 2-1 所示。

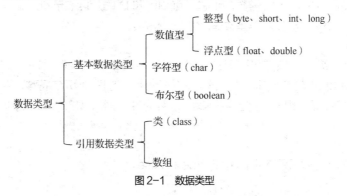

图 2-1 数据类型

1. 整型

Java 中的整型数据细分为 4 种类型，这 4 种类型整型数据所占存储空间及取值范围如表 2-2 所示。

表 2-2 整型数据

类型名	占用存储空间	取值范围
byte（字节型）	8 位（1 字节）	$-2^7 \sim 2^7-1$
short（短整型）	16 位（2 字节）	$-2^{15} \sim 2^{15}-1$
int（整型）	32 位（4 字节）	$-2^{31} \sim 2^{31}-1$
long（长整型）	64 位（8 字节）	$-2^{63} \sim 2^{63}-1$

整型数据就是通常所说的整数，可正可负，可以有如下几种表示形式。

（1）十进制形式：如 3、-9。

（2）八进制形式：以 0 开头，如 07、-013。

（3）十六进制形式：以 0x 开头，如 0x15、-0xD、0x2f。

（4）二进制形式：以 0b 开头，如 0b101、-0b11。

对于超出 int 型取值范围的数需要在数值后面加字母 L（或 l）表示其是 long 型数据，如 2000000000000000L。没有超出 int 型取值范围的数也可在数值后面加字母 L（或 l）表示其是 long 型数据，如 23L。

2. 浮点型

浮点型数据分为单精度（float）和双精度（double）两种类型，其所占存储空间的大小及取值范围如表 2-3 所示。

表 2-3 浮点型数据

类型名	占用存储空间	取值范围
float	32 位（4 字节）	1.4E-45~3.4E+38，-1.4E-45~-3.4E+38
double	64 位（8 字节）	4.9E-324~1.7E+308，-4.9E-324~-1.7E+308

浮点型数据即通常所说的实数，由整数部分与小数部分组成，既可以用小数形式表示（如 2.3），也可以用科学计数法表示（如 2.3e-5、2.5E2）。在使用科学计数法表示浮点型数据时，要求字母 e（或 E）前面必须有数字，后面必须为整数。

在 Java 中，小数会被默认为 double 类型数据，如果要表示 float 类型数据，则需在数值后面加字母 F（或 f），如 2.3F、-3.4f。对于整数，可在其后面加字母 D（或 d）表示 double 类型数据，如 23D、-42d；加字母 F（或 f）表示 float 类型数据，如 23F、-42f。

3. 字符型

字符型（char）数据是指用单引号标注的一个字符，使用 2 字节存储，如'a'、'3'、'*'。

有一些具有特殊含义的控制字符，如回车符、换行符等，这些非显示字符难以用一般形式的字符表示，通常以"\"开头，后面跟一个固定字符来表示，称为转义字符，如'\r'（回车符）、'\n'（换行符）、'\t'（横向制表符）。

4. 布尔型

布尔型（boolean）数据只有两个值，即 true 和 false。

5. 字符串型

字符串型（String）数据是指用双引号标注的一串字符，字符可以是 0 个或多个，如 " hello "、" name\tage "、" a "、" "。字符数为 0 的字符串称为空字符串（简称空串）。String 是 Java 的一个内置类，是一种引用数据类型。

2.2.4 常量与变量

常量和变量

编写程序时用到的数据按其值是否允许变化，可分为常量与变量两种。

1. 常量

在程序运行过程中其值保持不变的量称为常量，主要分为字面常量和符号常量。例如，3、2.3、true 等为字面常量；Math 类中的 PI 为符号常量，代表数学中的圆周率 π（值为 3.141592653589793…）。

Java 中常用的字面常量有整型常量、浮点型常量、字符型常量、字符串型常量、布尔型常量和用于表示空值的 null。

使用 Java 中的自定义符号常量时需先定义后使用，其定义格式如下。

```
final 类型名 常量名 = 值;
```

例如，定义一个用于表示税率为 0.03 的符号常量，代码如下。

```
final double RATE = 0.03;
```

提示 符号常量名通常采用大写字母表示。

2. 变量

在程序运行过程中其值可以变化的量称为变量。Java 是一门强类型的编程语言，要求变量先声明，后使用。变量声明格式：

类型名 变量名 1，变量名 2，... ；

说明：声明变量时可一次声明一个变量，也可一次声明多个变量，声明多个变量时，各变量用逗号分隔。

变量声明示例：

```
int age ;                //一次声明一个变量
float score, salary ;    //一次声明多个变量
```

也可以在声明变量的同时为变量赋初始值，例如：

```
int age = 18 ;
float score = 89.6f, salary ;
```

【例 2-1】常量与变量使用示例。

```java
public class Ex201 {
    public static void main(String[ ] args) {
        final double RATE = 0.05;
        int age = 20, score;
        String name = "王芳";
        score = 90;
        System.out.println("name： " + name);
        System.out.println("age： " + age);
        System.out.println("score： " + score);
        System.out.println("RATE： " + RATE);
    }
}
```

【运行结果】

```
name：王芳
age：20
score：90
RATE：0.05
```

2.2.5 运算符

不同类型的数据可以参加的运算不同，Java 针对不同数据类型提供了相应的运算符。

算术运算符

1. 算术运算符

算术运算符主要用于对数值型（整型、浮点型）数据进行运算。算术运算符如表 2-4 所示。

表 2-4 算术运算符

运算符	含义	示例	结果
+	加	5+5	10
-	减	6-4	2

续表

运算符	含义	示例	结果
*	乘	3*4	12
/	除	7/5	1
%	取模	7%5	2
++	自增	a=2;b=++a;	a=3;b=3;
--	自减	a=2;b=a--;	a=1;b=2;

说明如下。

（1）两个整数相除的结果仍然是整数。例如，5/2 的结果为 2，而不是 2.5。

（2）自增与自减运算符只能用于变量，不能用于常量，其作用是使变量的值增 1 或减 1。

（3）自增与自减运算符既可以前置（放在变量前面，形如++a），也可以后置（放在变量后面，形如 a++）。前置时表示先自增（或自减），再使用变量的值；后置时表示先使用变量的值，再自增（或自减）。

（4）算术运算符的优先级与数学中规定的相同，即先乘除后加减。

【例 2-2】算术运算符应用示例。

```java
public class Ex202 {
    public static void main(String[] args) {
        int a = 3, b = 3;
        System.out.println("5/2=" + (5 / 2));
        System.out.println("5/2.0=" + (5 / 2.0));
        System.out.println("5%2=" + (5 % 2));
        System.out.println("a=" + a);
        System.out.println("a++ =" + (a++) );
        System.out.println("b=" + b);
        System.out.println("++b=" + (++b));
    }
}
```

【运行结果】

```
5/2=2
5/2.0=2.5
5%2=1
a=3
a++ =3
b=3
++b=4
```

2. 关系运算符

关系运算符用于比较两个数据的大小，其结果是一个布尔值。关系运算符如表 2-5 所示。

关系运算符

表 2-5 关系运算符

运算符	含义	示例	结果
==	等于	4 == 3	false
!=	不等于	4 != 3	true
<	小于	4 < 3	false
>	大于	4 > 3	true
<=	小于等于	4 <= 3	false
>=	大于等于	4 >= 3	true

说明如下。

（1）通常情况下，关系运算符用于比较同一类型的操作数，且操作数之间能比较大小，比较才有效。

（2）在 Java 中不允许关系运算符连用，如"3<4<5"是不合法的。

（3）关系运算符中<、>、<=、>=的优先级相同，高于优先级相同的==、!=。

【例 2-3】关系运算符应用示例。

```java
public class Ex203 {
    public static void main(String[ ] args) {
        System.out.println("5 <= 5 的结果为: " + (5 <= 5));
        System.out.println("3 >= 4 的结果为: " + (3 >= 4));
        System.out.println("2.3 == 2.3 的结果为: " + (2.3 == 2.3));
        System.out.println("'a' < 'b' 的结果为: " + ('a' < 'b'));
    }
}
```

【运算结果】

```
5 <= 5 的结果为: true
3 >= 4 的结果为: false
2.3 == 2.3 的结果为: true
'a' < 'b' 的结果为: true
```

逻辑运算符

3. 逻辑运算符

逻辑运算符用于对布尔型数据进行运算，其结果仍然是布尔值。逻辑运算符如表 2-6 所示。

表 2-6 逻辑运算符

运算符	含义	示例	结果
!	非	!a	a 为 false 时结果为 true，否则为 false
&&	与	a && b	只有 a 和 b 都为 true 时，结果才为 true，否则为 false
||	或	a || b	只有 a 和 b 都为 false 时，结果才为 false，否则为 true

说明如下。

（1）逻辑运算符"&&"与"||"具有短路运算特性，即对于"a&&b"，当 a 的值为 false 时，直接返回 false，不再计算 b 的值；对于"a||b"，当 a 的值为 true 时不再计算 b 的值，直接返回 true。这种短路运算特性可减少不必要的计算。

（2）逻辑运算符优先级从高到低分别是：!、&&、||。

【例 2-4】逻辑运算符应用示例。

```java
public class Ex204 {
    public static void main(String[] args) {
        System.out.println("(3>4) && (4<5) = "+ ((3>4) && (4<5)));
        System.out.println("(3>4) || (4<5) = " + ((3>4) || (4<5)) );
        System.out.println("!(3>4) = " + (!(3>4)));
    }
}
```

【运行结果】

```
(3>4) && (4<5) = false
(3>4) || (4<5) = true
!(3>4) = true
```

4. 位运算符

位运算符

位运算符只能用于对整数进行运算，其内部执行过程是：首先将整数转换为二进制数，然后按位进行运算，最后把计算结果转换为十进制数返回。

位运算符如表 2-7 所示。假设变量 a 为 60（0011 1100），b 为 13（0000 1101）。

表 2-7　位运算符

运算符	含义	示例	结果
&	按位与	a & b	12（0000 1100）
|	按位或	a | b	61（0011 1101）
~	按位取反	~a	-61（1100 0011）
^	按位异或	a ^ b	49（0011 0001）
<<	左移	a << 2	240（1111 0000）
>>	右移	a >> 2	15（0000 1111）

说明如下。

（1）左移与右移运算符右侧的操作数表示要移动的位数。

（2）将一个数左移 1 位，相当于把此数扩大 1 倍，即此数乘 2；将一个数右移 1 位，相当于把此数缩小一半，即此数除以 2。

【例 2-5】位运算符应用示例。

```java
public class Ex205 {
    public static void main(String[] args) {
        System.out.println("60 & 13 = " + (60 & 13));
        System.out.println("60 | 13 = " + (60 | 13));
        System.out.println("~60 = " + (~60));
        System.out.println("60 ^ 13 = " + (60 ^ 13));
        System.out.println("60 << 2 = " + (60 << 2));
        System.out.println("60 >> 2 = " + (60 >> 2));
    }
}
```

【运行结果】

```
60 & 13 = 12
```

```
60 | 13 = 61
~60 = -61
60 ^ 13 = 49
60 << 2 = 240
60 >> 2 = 15
```

赋值运算符

5. 赋值运算符

赋值运算符分为简单赋值运算符和复合赋值运算符。赋值运算符如表 2-8 所示。

表 2-8　赋值运算符

运算符	含义	示例	说明
=	简单赋值	a=3;	a 的值为 3
+=	加等于	a+=3;	等效于 a=a+3;
-=	减等于	a-=3;	等效于 a=a-3;
*=	乘等于	a*=3;	等效于 a=a*3;
/=	除等于	a/=b;	等效于 a=a/3;
%=	模等于	a%=b;	等效于 a=a%3;

说明如下。

（1）赋值运算符用于给变量赋值，赋值运算符左边要求必须是变量。

（2）在简单赋值运算符"="前加上其他运算符（不仅仅是表 2-8 中列出的算术运算符，还可以是位运算符），就可以构成复合赋值运算符，采用复合赋值运算符可使程序更加简洁。

【例 2-6】赋值运算符应用示例。

```java
public class Ex206 {
    public static void main(String[ ] args) {
        int a, b;
        a = 30;
        b = 40;
        System.out.println("a = " + a + "\tb = " + b);
        a += 10;
        b %= 7;
        System.out.println("a = " + a + "\tb = " + b);
    }
}
```

【运行结果】

```
a = 30      b = 40
a = 40      b = 5
```

6. 字符串运算符

字符串运算符"+"可用于连接两个字符串。例如，"hello"+"java"的结果为"hellojava"。

7. 条件运算符

条件运算符也称三元运算符，由符号"？"和"："构成。其使用格式如下。

条件运算符

条件表达式? 表达式 1: 表达式 2;

条件运算符的运算规则是：先求条件表达式的值，如果其值为 true，则返回表达式 1 的值，否则返回表达式 2 的值。

【例 2-7】利用条件运算符判断一个成绩是否及格。

```java
public class Ex207 {
    public static void main(String[] args) {
        int score = 70;
        String result = (score >= 60) ? "及格" : "不及格";
        System.out.println(result);
    }
}
```

【运行结果】

及格

8. 运算符优先级

用运算符、括号将常量、变量等连接起来构成的有意义的式子称为表达式。在一个表达式中可以使用多个不同的运算符来完成相对复杂的运算，当一个表达式中同时出现多个运算符时，各运算符的优先级如表 2-9 所示。

表 2-9　运算符优先级

优先级	运算符	含义
1	++、--、~、!	自增、自减、按位取反、逻辑非
2	*、/、%	乘、除、取模
3	+、-	加、减
4	<<、>>	移位运算符
5	<、>、<=、>=	小于、大于、小于等于、大于等于
6	==、!=	等于、不等于
7	&	按位与
8	^	按位异或
9	|	按位或
10	&&	逻辑与
11	||	逻辑或
12	? :	条件运算符
13	=、+=、-=、*=、/=、%=	赋值运算符

提示　默认情况下，运算符的优先级决定了表达式中哪一个运算先执行，但使用括号可改变运算的顺序。建议在书写复杂表达式时，尽量使用括号来明确说明其中的逻辑以提高代码可读性。

2.2.6　类型转换

当把一种类型的数据赋给另一种类型的变量，或者使用不同类型的数据参加同一运算时，需要进行数据类型转换。根据转换方式的不同，类型转换分为两种：自动类型转换和强制类型转换。

1. 自动类型转换

数据类型转换

自动类型转换也称为隐式类型转换，是由系统自动进行的类型转换，不需要显式声明。当数据类型不一致时，系统会自动把取值范围小的数据类型转换成取值范围大的数据类型。Java 支持的不同数据类型之间的自动类型转换如图 2-2 所示。

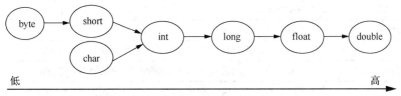

图 2-2　自动类型转换

【例 2-8】自动类型转换应用示例。

```java
public class Ex208 {
    public static void main(String[ ] args) {
        int a = 10;
        float b = a;                    //int 类型数据自动转换成 float 类型
        double c = b;                   //float 类型数据自动转换成 double 类型
        System.out.println(a + b + c);  //运算结果自动转换成 double 类型
    }
}
```

【运行结果】

30.0

2. 强制类型转换

强制类型转换也称为显式类型转换，当需要把取值范围大的数据类型转换成取值范围小的数据类型时，就需要进行强制类型转换。强制类型转换会导致数据溢出或精度下降，使用时需要显式声明，声明格式如下。

(类型名)表达式

【例 2-9】强制类型转换应用示例。

```java
public class Ex209 {
    public static void main(String[ ] args) {
        int a = (int)10.5;              //将 double 类型数据强制转换成 int 类型
        float b = 20.34f;
        double c = 10.45;
        int result = (int)(a + b + c);  //将 double 类型运算结果强制转换成 int 类型
        System.out.println(result);
    }
}
```

【运行结果】

40

2.2.7　Math 类中的常用方法

对于数学中常用的一些函数，如求绝对值函数、开方函数、三角函数、对数函数等，Java 的 Math 类都提供了相应的方法，这些方法都是静态方法，可以直接通过类名来调用。除静态方法外，Math 类中还有两个静态常量 PI 和 E，分别代表数学中的 π 和 e。Math 类中的常用方法如表 2-10 所示。

Math 类中常用
方法

表 2-10　Math 类中的常用方法

方法	功能描述
abs()	求绝对值
sqrt()	求平方根
ceil()	上取整（大于参数的最小整数），返回值为 double 类型的整数
floor()	下取整（小于参数的最大整数），返回值为 double 类型的整数
round()	四舍五入取整，参数如果是 double 类型，则返回值为 long 类型；参数如果是 float 类型，则返回值为 int 类型
sin()、cos()、tan()等	三角函数
log()、log10()	对数函数

【例 2-10】Math 类中常用方法使用示例。

```java
public class Ex210 {
    public static void main(String[] args) {
        System.out.println("abs(-7) = " + Math.abs(-7));
        System.out.println("sqrt(9) = " + Math.sqrt(9));
        System.out.println("ceil(4.1) = " + Math.ceil(4.1));
        System.out.println("floor(4.8) = " + Math.floor(4.8));
        System.out.println("round(4.2) = " + Math.round(4.2));
        System.out.println("sin(1.57) = " + Math.sin(1.57));
        System.out.println("log(8) = " + Math.log(8));
    }
}
```

【运行结果】

```
abs(-7) = 7
sqrt(9) = 3.0
ceil(4.1) = 5.0
floor(4.8) = 4.0
round(4.2) = 4
sin(1.57) = 0.9999996829318346
log(8) = 2.0794415416798357
```

2.3　任务实施

已知学生王芳数学、语文、英语的成绩分别是 80 分、92 分、88 分，求其成绩总分和平均分。要求平均分四舍五入取整，统计结果按如下格式输出。

姓名　数学　语文　英语　总分　平均分

王芳　80　92　88　260　87

【分析】各科成绩都为整数，可直接声明成 int 类型。求得的平均分是小数，需要转换成整数，如果直接利用强制类型转换，则无法实现四舍五入取整，可利用 Math 类中的 round()方法来实现四舍五入取整。

【参考代码】

```java
public class SingleScore {
```

```java
public static void main(String[ ] args) {
    String name = "王芳";
    int math = 80;          //数学成绩
    int chinese = 92;       //语文成绩
    int english = 88;       //英语成绩
    int total = math + chinese + english; //求总分
    int avg = Math.round(total / 3f);      //求平均分
    System.out.println("姓名\t 数学\t 语文\t 英语\t 总分\t 平均分");
    System.out.println(name + "\t" + math + "\t\t" + chinese + "\t\t"
            + english + "\t\t" + total + "\t\t" + avg);
    }
}
```

【运行结果】

姓名	数学	语文	英语	总分	平均分
王芳	80	92	88	260	87

【程序说明】

程序中关于四舍五入求平均分可以有多种实现方式，如用 int avg = (int) Math.round(total / 3.0);，或者 long avg = Math.round(total / 3.0);来实现。

2.4　任务小结

通过本任务的完成，我们了解了 Java 中的基本数据类型，掌握了常量、变量的使用方法及各种运算符和表达式的使用方法。万丈高楼平地起，要想熟练使用 Java 编程，需要筑牢基础，重视基础知识的学习。唯熟方能生巧，平时要多思考、多练习，将所学知识融会贯通。

2.5　练习题

一、填空题

1. 设 int a=2;，则 a+=3;执行后，变量 a 的值为_____。
2. 表达式 10/4 的结果为_____。
3. 表达式(int)(4.5 + 5)的结果为_____。
4. 表达式 20<<2 的结果为_____。
5. 表达式(5>=4)&&(3==3.0)的结果为_____。

二、判断题

1. 0x12F 是一个合法的数据。(　　　)
2. 123Stu 是一个合法的标识符。(　　　)
3. 语句 int a=23.4;能正常通过编译。(　　　)
4. 语句 float a=20;无法正常通过编译。(　　　)
5. 已知 a=5;，语句 System.out.println(a++);的输出结果为 6。(　　　)

三、选择题

1. 以下关于标识符的叙述错误的是_____。
   A. Student 和 student 表示的不是同一个标识符

    B. class 不能用作标识符

    C. $stu 和 _stu 都是合法的标识符

    D. 标识符长度不能超过 8 个字符

2. 下列变量声明语句可正常通过编译的是_____。

    A. float f=30.5;   B. int i=5.6;   C. char c="a";   D. double d=30;

3. 已知 inta=10;，则表达式(a>=20)?(a+5)：(a−5)的结果是_____。

    A. 10   B. 15   C. 5   D. 20

4. 表达式−5%2 的结果是_____。

    A. 1   B. −1   C. −2.5   D. −2

5. 语句 System.out.println("−5/2");的输出结果是_____。

    A. −2   B. −5/2   C. 2.5   D. −2.5

四、上机练习题

1. 已知 $x=3$，$y=4$，求表达式$(3x+2y)/(4x-y)$的值。

2. 已知矩形的长和宽分别为 4 和 5，求矩形的周长和面积。

3. 已知 3 位学生的数学成绩分别为 89.7 分、90.5 分、78 分，求这 3 位学生数学成绩的平均分。

4. 求一个三位数各位上的数字之和。

5. 已知圆的半径 $r=2$，求圆的周长和面积。

2.6 拓展实践项目——统计单个商品的销售数据

【实践描述】

为及时掌握商品销售情况，需要统计商品销量。

【实践要求】

已知书桌前 3 个季度的销量分别为 380 张、397 张、290 张，请编程求出书桌前 3 个季度的销量总和及平均销量。

任务3
系统界面设计与实现
（控制结构）

03

在程序中，有些代码需要按照出现的先后次序执行，有些代码需要根据条件的成立与否来决定是否执行，还有些代码需要重复执行若干次，这时就需要用到流程控制结构。本部分内容将主要介绍程序的3种基本控制结构：顺序结构、选择结构和循环结构。

教学与素养目标

> 编码规范，团结协作，培养学生良好的职业素养

> 了解3种控制结构的作用及适用场景

> 掌握3种控制结构的使用方法

> 能够熟练使用输入输出语句实现人机交互

> 能够熟练使用不同形式的选择结构

> 能够熟练使用各种循环结构

> 能够综合使用3种基本控制结构编写程序解决相应的问题

3.1 任务描述

学生信息管理系统需要提供相应的操作界面来让用户选择所需的功能。本任务主要完成学生信息管理系统各界面的设计与实现。完成本任务需要了解和掌握3种基本控制结构的使用方法。

3.2 技术准备

在编写程序时，为了控制代码的执行次序、执行时机及执行次数，需要用到流程控制结构，程序有3种基本流程控制结构：顺序结构、选择结构和循环结构。

3.2.1 顺序结构

顺序结构中的语句按照出现的次序依次执行。其执行流程如图3-1所示。

图3-1 顺序结构

顺序结构本身不需要使用特殊的语句实现，在顺序结构中经常使用的语句有赋值语句和输入输出语句。

1. 赋值语句

赋值语句

在 Java 中利用赋值语句给变量赋值有两种形式。

（1）一次给一个变量赋值

<变量>=<表达式>;

功能：将表达式的值赋给指定变量。

这是赋值语句的基本格式，也是常用格式。此种方式支持复合赋值运算符。

（2）一次给多个变量赋相同值

<变量 1>=<变量 2>=...=<变量 n> = <表达式>;

功能：将表达式的值分别赋给变量 1、变量 2、……、变量 *n*。

【例 3-1】赋值语句应用示例。

```java
public class Ex301 {
    public static void main(String[ ] args) {
        int i, j, k, m;
        m = 30;             // 一次给一个变量赋值
        i = j = k = 7;      //一次给多个变量赋相同值
        System.out.println("i=" + i + ",  j=" + j + ",  k=" + k + ",  m=" + m);
    }
}
```

【运行结果】

i=7, j=7, k=7, m=30

2. 输入语句

输入

在 Java 中通过 Scanner 类获取用户从键盘输入的数据，Scanner 类在 java.util 包中，使用时要先将其导入，代码如下。

import java.util.Scanner;

利用 Scanner 类获取用户从键盘输入的数据时，首先需要实例化一个 Scanner 对象，代码如下。

Scanner sc = new Scanner(System.in);

然后调用其 next()、nextInt()、nextFloat()、nextDouble() 等相应的方法接收用户从键盘输入的字符串、整数、单精度类型数据、双精度类型数据等。

【例 3-2】从键盘输入用户的姓名、年龄、成绩和工资。

```java
import java.util.Scanner;

public class Ex302 {
    public static void main(String[ ] args) {
        Scanner sc = new Scanner(System.in);
        System.out.print("请输入姓名: ");
        String name = sc.next();            //接收用户输入的字符串
        System.out.print("请输入年龄: ");
        int age = sc.nextInt();             //接收用户输入的整数
        System.out.print("请输入成绩: ");
        float score = sc.nextFloat();       //接收用户输入的单精度类型数据
        System.out.print("请输入工资: ");
        double salary = sc.nextDouble();    //接收用户输入的双精度类型数据
```

```
        System.out.println("-----------------------------------");
        System.out.print("姓名: " + name + ", 年龄: " + age);
        System.out.println(", 成绩: " + score + ", 工资: " + salary);
    }
}
```

【运行结果】
请输入姓名: 王芳
请输入年龄: 23
请输入成绩: 89.8
请输入工资: 6899.89

姓名: 王芳, 年龄: 23, 成绩: 89.8, 工资: 6899.89

3. 输出语句

在 Java 中输出信息需要使用 System 类中的标准输出流 out 的 println()方法或 print()方法。System 类在 java.lang 包中, 此包会自动加载, 无须自行导入。

输出

println()和 print()方法的使用格式基本相同, 其参数都是一个表达式（可以是任意类型的表达式, 单个常量或变量可以看作一个特殊的表达式）, 唯一不同之处在于输出后是否换行。println()方法在输出完成后换行, 下一次输出将从新一行开始; print()方法在输出完成后不换行, 下一次输出会从当前位置继续。

【例 3-3】输出学生的姓名、性别、年龄、成绩信息。

```
public class Ex303 {
    public static void main(String[ ] args) {
        String name = "王芳", sex = "女";
        int age = 20, score = 90;
        System.out.println("-----学生信息-----");
        System.out.print("姓名: " + name);
        System.out.println(", 性别: " + sex);
        System.out.print("年龄: " + age);
        System.out.println(", 成绩: " + score);
        System.out.println("------------------");
    }
}
```

【运行结果】
-----学生信息-----
姓名: 王芳, 性别: 女
年龄: 20, 成绩: 90

3.2.2 选择结构

选择结构通过判断某些特定条件是否满足来决定下一步要执行的语句。选择结构分为单分支选择结构、双分支选择结构和多分支选择结构。

单分支选择结构

1. 单分支选择结构

格式:

if (条件){

```
        语句块;
    }
```

功能：当条件成立时，执行后面的语句块；当条件不成立时，什么也不做。其执行流程如图 3-2 所示。

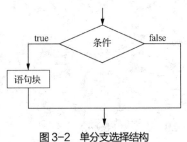

图 3-2　单分支选择结构

说明如下。

（1）条件一般为关系表达式或逻辑表达式，需要用圆括号标注。

（2）语句块可以是一条或多条语句，当只有一条语句时，外面的花括号可以省略，但建议尽量不要省略。

【例 3-4】从键盘输入两个整数，将其按从大到小输出。

```java
import java.util.Scanner;

public class Ex304 {
    public static void main(String[ ] args) {
        Scanner sc = new Scanner(System.in);
        System.out.print("请输入一个整数: ");
        int n1 = sc.nextInt();
        System.out.print("请输入一个整数: ");
        int n2 = sc.nextInt();
        if (n1 < n2){
            int temp = n1;
            n1 = n2;
            n2 = temp;
        }
        System.out.println(n1 + ", " + n2);
    }
}
```

【运行结果】

```
请输入一个整数: 5
请输入一个整数: 8
8, 5
```

2. 双分支选择结构

双分支选择结构

格式:
```
if (条件){
    语句块 1;
}else{
    语句块 2;
}
```

功能：当条件成立时，执行语句块 1；当条件不成立时，执行语句块 2。其执行流程如图 3-3 所示。

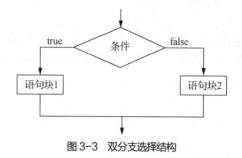

图 3-3 双分支选择结构

【例 3-5】从键盘输入一个成绩，判断此成绩是否及格，并给出相应的提示信息。

```java
import java.util.Scanner;

public class Ex305 {
    public static void main(String[ ] args) {
        Scanner sc = new Scanner(System.in);
        System.out.print("请输入成绩：");
        int score = sc.nextInt();
        if (score >= 60){
            System.out.println("成绩" + score + "及格！");
        }else{
            System.out.println("成绩" + score + "不及格！");
        }
    }
}
```

【运行结果】

请输入成绩：90
成绩 90 及格！
请输入成绩：56
成绩 56 不及格！

上述双分支选择结构也可直接用条件运算符实现，代码如下。

```java
System.out.println((score >= 60)?("成绩" + score + "及格！"): ("成绩" + score + "不及格！"));
```

3. 多分支选择结构

多分支选择结构的实现方式有两种，一是利用多分支 if 语句实现，二是利用 switch 语句实现。

多分支选择结构

（1）多分支 if 语句

格式：

```java
if (条件 1){
    语句块 1;
}else if (条件 2){
    语句块 2;
}
...
else if (条件 n){
    语句块 n;
```

```
    }else{
        语句块 n+1;
    }
```

功能：首先判断条件 1 是否成立，如果成立，则执行语句块 1，然后结束整个 if 语句；否则判断条件 2 是否成立，如果成立，则执行语句块 2，然后结束整个 if 语句；以此类推，如果条件 n 不成立，则执行语句块 n+1。其执行流程如图 3-4 所示。

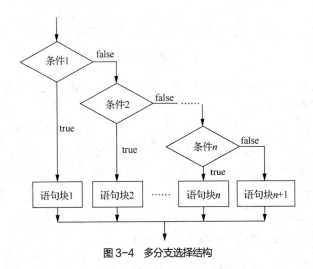

图 3-4　多分支选择结构

【例 3-6】从键盘输入百分制成绩，输出与其相对应的等级：90～100 分为优秀，80～89 分为良好，70～79 分为中等，60～69 分为及格，60 分以下为不及格。

```java
import java.util.Scanner;

public class Ex306 {
    public static void main(String[] args) {
        Scanner sc = new Scanner(System.in);
        System.out.print("请输入成绩：");
        int score = sc.nextInt();
        if (score > 100 || score < 0){
            System.out.println("输入的成绩无效");
        }else if (score >= 90){
            System.out.println("成绩" + score + "优秀");
        }else if (score >= 80){
            System.out.println("成绩" + score + "良好");
        }else if (score >= 70){
            System.out.println("成绩" + score + "中等");
        }else if (score >= 60){
            System.out.println("成绩" + score + "及格");
        }else{
            System.out.println("成绩" + score + "不及格");
        }
    }
}
```

【运行结果】

```
请输入成绩: 999
输入的成绩无效
请输入成绩: -88
输入的成绩无效
请输入成绩: 96
成绩 96 优秀
请输入成绩: 80
成绩 80 良好
请输入成绩: 79
成绩 79 中等
请输入成绩: 65
成绩 65 及格
请输入成绩: 45
成绩 45 不及格
```

（2）switch 语句

格式:

switch 语句

```
switch (表达式){
    case 值 1:  语句块 1; break;
    case 值 2:  语句块 2; break;
    ...
    case 值 n:  语句块 n; break;
    [default:  语句块 n+1;]
}
```

说明如下。

① switch 表达式的结果可以是 char、byte、short、int 或 String 类型，但不能是 boolean 类型，case 后面的值类型应与表达式类型一致。其执行过程为: 先计算表达式的值，再从上至下依次查找与表达式的值相匹配的 case 后面的值，若找到，则执行该 case 后面的语句；若找不到，如有 default 关键字，则执行 default 后面的语句，若没有，则跳出 switch 语句。

② 执行完一个 case 后面的语句后，若没有 break 语句，则跳转到下一个 case 继续执行。

③ case 后面有多条语句时，可不加 { }。

④ 多个 case 可共用一组执行语句。

【例 3-7】从键盘输入 0~6，输出相应的星期几。

```java
import java.util.Scanner;

public class Ex307 {
    public static void main(String[] args) {
        Scanner sc = new Scanner(System.in);
        System.out.print("请输入一个数（0~6）: ");
        int weekday = sc.nextInt();
        switch (weekday){
            case 0:
                System.out.println("今天是星期天! ");
                break;
```

```
            case 1:
                System.out.println("今天是星期一！");
                break;
            case 2:
                System.out.println("今天是星期二！");
                break;
            case 3:
                System.out.println("今天是星期三！");
                break;
            case 4:
                System.out.println("今天是星期四！");
                break;
            case 5:
                System.out.println("今天是星期五！");
                break;
            case 6:
                System.out.println("今天是星期六！");
                break;
            default:
                System.out.println("输入的数据无效！");
        }
    }
}
```

【运行结果】

```
请输入一个数（0~6）：0
今天是星期天！
请输入一个数（0~6）：1
今天是星期一！
请输入一个数（0~6）：2
今天是星期二！
请输入一个数（0~6）：9
输入的数据无效！
```

3.2.3　循环结构

循环结构是指在满足指定条件下重复执行一段代码。循环结构有 3 种实现方式：while 循环、do...while 循环和 for 循环。

while 循环

1. while 循环

格式：

```
while (条件){
    语句块;
}
```

功能：当条件成立时，重复执行语句块（通常称为循环体），直到条件不成立为止。其执行流程如图 3-5 所示。

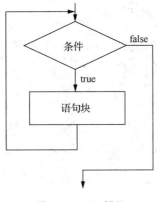

图 3-5　while 循环

【例 3-8】求 1～100 的累加和。

```java
public class Ex308 {
    public static void main(String[] args) {
        int i = 1, sum = 0;
        while (i <= 100){
            sum += i;
            i++;
        }
        System.out.println("1 到 100 的累加和是: " + sum);
    }
}
```

【运行结果】

1 到 100 的累加和是: 5050

do...while 循环

2. do...while 循环

格式:

```java
do{
    语句块;
}while(条件);
```

功能: 先执行一次语句块（循环体），再判断条件，如果条件成立，则继续执行循环体；如果条件不成立，则结束循环。其执行流程如图 3-6 所示。

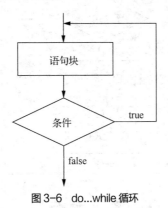

图 3-6　do...while 循环

【例 3-9】求 1～100 所有偶数的累加和。

```
public class Ex309 {
    public static void main(String[ ] args) {
        int i = 2, sum = 0;
        do{
            sum += i;
            i += 2;
        }while(i <= 100);
        System.out.println("1 到 100 所有偶数的累加和是: " + sum);
    }
}
```

【运行结果】

1 到 100 所有偶数的累加和是: 2550

说明: do...while 循环与 while 循环的主要区别是，do...while 循环是先执行一次循环体再判断条件，而 while 循环是先判断条件再执行循环体。在循环体保证能至少执行一次的情况下，两者功能是一样的，只有当循环初始条件不成立时，两者才会有区别: 如果循环初始条件不成立，则 while 循环的循环体一次都不会执行，而 do...while 循环的循环体会执行一次。

for 循环

3. for 循环

格式:

```
for(表达式 1; 表达式 2; 表达式 3){
    循环体语句;
}
```

说明如下。

表达式 1 通常用于设置循环初始条件，即为循环控制变量设置初始值；表达式 2 是循环条件，用来决定是否继续下一次循环；表达式 3 通常用于设置循环控制变量的变化规则。其执行流程如图 3-7 所示。

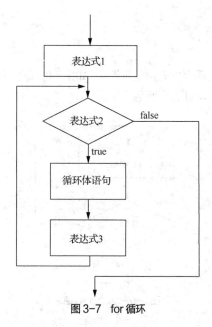

图 3-7 for 循环

【例 3-10】求 1～100 所有奇数的累加和。

```java
public class Ex310 {
    public static void main(String[] args) {
        int sum = 0;
        for(int i = 1; i <= 100; i += 2){
            sum += i;
        }
        System.out.println("1 到 100 所有奇数的累加和是: " + sum);
    }
}
```

【运行结果】

```
1 到 100 所有奇数的累加和是: 2500
```

循环的嵌套

4. 循环的嵌套

在一个循环结构内可以包含另一个完整的循环结构，这称为循环的嵌套，也称为多重循环。不同的循环结构可以互相嵌套。

【例 3-11】在屏幕上输出九九乘法表。

```java
public class Ex311 {
    public static void main(String[] args) {
        for(int i = 1; i <= 9; i++){
            for(int j = 1; j <= i; j++){
                System.out.print(j + "*" + i + "=" + i*j + "\t");
            }
            System.out.println();
        }
    }
}
```

【运行结果】

```
1*1=1
1*2=2   2*2=4
1*3=3   2*3=6   3*3=9
1*4=4   2*4=8   3*4=12  4*4=16
1*5=5   2*5=10  3*5=15  4*5=20  5*5=25
1*6=6   2*6=12  3*6=18  4*6=24  5*6=30  6*6=36
1*7=7   2*7=14  3*7=21  4*7=28  5*7=35  6*7=42  7*7=49
1*8=8   2*8=16  3*8=24  4*8=32  5*8=40  6*8=48  7*8=56  8*8=64
1*9=9   2*9=18  3*9=27  4*9=36  5*9=45  6*9=54  7*9=63  8*9=72  9*9=81
```

5. 循环的跳转

通常情况下，循环结构会在执行完所有循环语句后自然结束。在有些情况下可能需要提前结束循环，Java 提供了 break 和 continue 两种方式来提前结束循环。这通常需结合 if 语句进行判断，只有满足某个条件时，才可提前结束循环。任何一种循环结构中都可使用 break 和 continue 语句来提前结束循环。

循环的跳转

（1）break 语句

break 语句用于提前结束整个循环。

说明：break 语句结束的只是它自身所在的循环，如果有循环嵌套，则内层循环提前结束不影响外层循环。

【例 3-12】求 300 以内能被 19 整除的最大正整数。

```java
public class Ex312 {
    public static void main(String[] args) {
        for(int i = 300; i > 0; i--){
            if (i % 19 == 0){
                System.out.println("300 以内能被 19 整除的最大正整数是: " + i);
                break;
            }
        }
    }
}
```

【运行结果】

300 以内能被 19 整除的最大正整数是: 285

（2）continue 语句

continue 语句用于提前结束本次循环。当执行 continue 语句时，系统会自动跳过当前循环体中剩下的代码，从头开始下一次循环。

【例 3-13】输出 1~10 中除 5 之外的其他数。

```java
public class Ex313 {
    public static void main(String[] args) {
        for(int i = 1; i <= 10; i++){
            if (i == 5){
                continue;
            }
            System.out.print(i + " ");
        }
    }
}
```

【运行结果】

1 2 3 4 6 7 8 9 10

3.2.4 编码规范

为了提高程序可读性及可维护性，在编写代码时应遵循编码规范，养成良好的编码风格。Java 的基本编码要求和规范如下。

（1）使用缩进来表示代码的逻辑关系，使代码整齐美观、层次清晰。

（2）一行代码不要超过 80 个字符，尽量不要写过长的语句。如语句过长，则可在合适位置将其换行。

（3）标识符命名时尽量使用有意义的名称，做到见名知意。

（4）空格与空行。运算符两侧建议使用空格分开，不同方法之间建议增加一个空行以增加程序可读性。

（5）为关键代码和重要的业务逻辑代码添加必要的注释。

3.3 任务实施

本任务要求根据学生信息管理系统的功能设计相应的业务流程，实现系统各操作界面。

3.3.1 系统业务流程设计

学生信息管理系统启动后，首先进入系统主界面，如图 3-8（a）所示，等待用户输入命令选择相应的功能。如果用户输入"info"命令，则进入学生基本信息管理子功能模块，其界面如图 3-8（b）所示；如果用户输入"score"命令，则进入学生成绩管理子功能模块，其界面如图 3-8（c）所示。在学生基本信息管理界面，用户可输入相应的命令进行学生基本信息的添加、删除、修改、显示及学生信息的导入、导出等操作。在学生成绩管理界面，用户可输入相应的命令进行课程成绩统计。

（a）系统主界面

（b）学生基本信息管理界面

（c）学生成绩管理界面

图 3-8　系统界面

3.3.2 系统主界面实现

【分析】系统主界面首先显示系统功能菜单供用户选择，用户可在命令提示符"main>"后输入命令来执行相应的功能，系统能够接收的命令是"info""score""quit"，其他输入无效。系统启动后，循环等待用户输入命令，直到用户输入命令"quit"退出系统为止。因每个子模块的功能尚未实现，在此可先用输出相应信息的方式来代替每个子模块的功能。

【参考代码】

```java
import java.util.Scanner;

public class MainMenu {
    public static void main(String[] args) {
        System.out.println("------学生信息管理系统------");
        System.out.println("info:  ----学生基本信息管理");
        System.out.println("score:  ---学生成绩管理");
        System.out.println("quit:  ----退出系统");
        System.out.println("---------------------------");
        while(true){
            Scanner sc = new Scanner(System.in);
```

```java
            System.out.print("main>");
            String choice = sc.next();
            switch(choice){
                case "info":
                    System.out.println("学生基本信息管理...");
                    break;
                case "score":
                    System.out.println("学生成绩管理...");
                    break;
                case "quit":
                    System.exit(0);
                default:
                    System.out.println("输入错误!!! ");
            }
        }
    }
}
```

【运行结果】

　　程序运行结果如图 3-9 所示。由运行结果可以看出，当用户输入命令"info""score"时能够输出相应的信息，输入其他无效命令时会输出相应的错误提示。程序逻辑和功能满足预期需求。

图3-9　系统主界面功能

3.3.3　学生基本信息管理界面实现

　　【分析】进入学生基本信息管理界面后，会显示系统功能菜单供用户选择，用户可在命令提示符"info>"后输入命令来执行相应的功能，系统能够接收的命令是"load""show""add""delete""modify""save""return"，其他输入无效。进入该子模块后，系统循环等待用户输入命令，直到用户输入命令"return"为止。因每个具体的功能尚未实现，在此先用输出相应信息的方式来代替每个具体的功能。

【参考代码】

```
import java.util.Scanner;

public class InfoMenu {
    public static void main(String[] args) {
        System.out.println("------学生基本信息管理------");
        System.out.println("load: ----导入学生信息");
        System.out.println("show: ----显示学生信息");
        System.out.println("add: -----添加学生信息");
        System.out.println("delete: --删除学生信息");
        System.out.println("modify: --修改学生信息");
        System.out.println("save: ----导出学生信息");
        System.out.println("return: --返回");
        System.out.println("--------------------------");
        while (true) {
            Scanner sc = new Scanner(System.in);
            System.out.print("info>");
            String choice = sc.next();
            switch (choice) {
                case "load":
                    System.out.println("导入学生信息...");
                    break;
                case "show":
                    System.out.println("显示学生信息...");
                    break;
                case "add":
                    System.out.println("添加学生信息...");
                    break;
                case "delete":
                    System.out.println("删除学生信息...");
                    break;
                case "modify":
                    System.out.println("修改学生信息...");
                    break;
                case "save":
                    System.out.println("导出学生信息...");
                    break;
                case "return":
                    return;
                default:
                    System.out.println("输入错误!!! ");
            }
        }
    }
}
```

【运行结果】

程序运行结果如图 3-10 所示。由运行结果可以看出，当用户输入命令"load""show""add"

"delete""modify""save"时能够正确输出相应的提示信息，输入其他无效命令时会输出相应的错误提示。程序逻辑和功能满足预期需求。

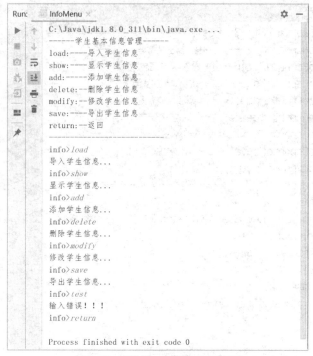

图 3-10　学生基本信息管理界面功能

3.3.4　学生成绩管理界面实现

【分析】进入学生成绩管理界面后，会显示系统功能菜单供用户选择，用户可在命令提示符"score>"后输入命令来执行相应的功能，系统能够接收的命令是"avg""max""min""fails""return"，其他输入无效。进入该子模块后，系统循环等待用户输入命令，直到用户输入命令"return"为止。因每个具体的功能尚未实现，在此先用输出相应信息的方式来代替每个具体的功能。

【参考代码】

```java
import java.util.Scanner;

public class ScoreMenu {
    public static void main(String[] args) {
        System.out.println("------学生成绩管理------");
        System.out.println("avg: ----课程平均分");
        System.out.println("max: ----课程最高分");
        System.out.println("min: ----课程最低分");
        System.out.println("fails: --不及格人数");
        System.out.println("return: --返回");
        System.out.println("----------------------------");
        while(true){
            Scanner sc = new Scanner(System.in);
```

```
System.out.print("score>");
String choice = sc.next();
switch(choice){
    case "avg":
        System.out.println("课程平均分...");
        break;
    case "max":
        System.out.println("课程最高分...");
        break;
    case "min":
        System.out.println("课程最低分...");
        break;
    case "fails":
        System.out.println("不及格人数...");
        break;
    case "return":
        return;
    default:
        System.out.println("输入错误!!! ");
    }
    }
    }
}
```

【运行结果】

程序运行结果如图 3-11 所示。由运行结果可以看出，当用户输入命令"avg""max""min""fails"时能够正确输出相应的提示信息，输入其他无效命令时会输出相应的错误提示。程序逻辑和功能满足预期需求。

图 3-11　学生成绩管理界面功能

3.4 任务小结

通过本任务的实施，我们掌握了 3 种基本控制结构的使用方法，能够熟练应用 3 种基本控制结构解决实际问题。在编写和调试程序过程中一定要耐心、细致，严格测试，保证程序能够满足用户需求、正常运行。没有规矩，不成方圆。在日常生活中我们要遵纪守法，编写程序也是一样的，需要遵循编码规范，养成良好的编码习惯。特别是团队合作开发项目时，良好的编码习惯和规范的程序书写可有效降低沟通交流成本，提高开发效率。

3.5 练习题

一、填空题

1. 已知 int a = 10;，语句 System.out.println((a > 0)? a++ : --a);的输出结果是_____。

2. System.out.println(3 + "5 ");的输出结果是_____。

3. System.out.println(3 * 2 + "5 ");的输出结果是_____。

4. break 语句和 continue 语句中能用来结束本次循环的是_____。

5. 下列程序段的输出结果是_____。

```
int sum = 0;
for (int i = 0; i < 10; i += 6) {
    sum += i;
}
System.out.println(sum);
```

二、判断题

1. 在 Java 中给变量赋值时一次只能给一个变量赋值。（   ）

2. switch 语句中 case 后面的值的类型可以是 boolean 类型。（   ）

3. while 循环的循环体至少执行一次。（   ）

4. for 循环的循环体中不允许出现 while 循环。（   ）

5. for(int i = 0; i < 5; i++)和 for(int i = 5; i > 0; i--)的循环次数是相同的。（   ）

三、选择题

1. 下列循环的执行次数是_____。

```
int i = 0;
while (i < 5){
    System.out.println(i);
}
```

    A. 5   B. 4   C. 1   D. 死循环

2. 下列程序段的输出结果是_____。

```
int sum = 0;
for(int i = 0; i < 10; i += 5){
    sum += i;
}
System.out.println(sum);
```

    A. 5   B. 10   C. 15   D. 0

3. 下列循环的执行次数是_____。

```
int i = 10, sum = 0;
do{
    sum += i;
}while(i < 0);
```

    A. 10　　　　　　　　B. 0　　　　　　　　C. 1　　　　　　　　D. 死循环

4. 下列程序段的输出结果是_____。

```
for(int i = 0; i < 10; i += 2){
    System.out.print(i + " ");
}
```

    A. 0 2 4 6 8 10　　B. 0 2 4 6 8　　C. 10 8 6 4 2　　D. 10 8 6 4 2 0

5. 下列程序段的输出结果是_____。

```
int sum = 0;
for(int i = 0; i < 10; i += 5){
    int fac = 1;
    for(int j = 1; j <= i; j++){
        fac *= j;
    }
    sum += fac;
}
System.out.println(sum);
```

    A. 120　　　　　　　B. 121　　　　　　　C. 1　　　　　　　　D. 0

四、上机练习题

1. 在屏幕上按要求输出如下内容（各字段以制表符分隔）。

学号	姓名	性别	成绩
1001	张朋	男	90
1002	刘格	女	88

2. 从键盘输入一个整数，判断此数是奇数还是偶数，并输出相应的提示信息。

3. 求 1~100 中所有 3 的倍数之和。

4. 输出 1~10 中除 3 和 7 以外的所有数。

5. 求 100~200 中的所有素数。

3.6 拓展实践项目——设计商品信息管理系统界面

【实践描述】

商品信息管理系统需要提供相应的操作界面来让用户选择所需的功能。

【实践要求】

请根据系统功能设计相应的业务流程，完成商品信息管理系统界面的设计与实现。

任务4
批量学生成绩处理
（数组与方法）

04

数组是处理批量数据的有效工具，方法可以提高代码的重用性。本部分内容将主要介绍数组的定义、数组的常用操作、方法的定义与调用、方法重载、不定长参数、参数传递及变量作用域。

教学与素养目标

> 分而治之，大而化小，培养学生解决复杂问题的能力
>> 了解数组的概念
>> 掌握数组的定义及常用操作方法

> 理解方法的作用
> 掌握方法的定义与调用
> 能够熟练操作数组，进行方法的定义与调用
> 能够熟练使用数组和方法来解决实际问题

4.1　任务描述

本任务主要完成学生信息管理系统中成绩管理子模块的各项功能，即统计课程的最高分、最低分、平均分和不及格人数。本任务需要对所有学生的成绩进行处理，涉及对批量数据的操作，要完成本任务需要了解和掌握 Java 中数组和方法的使用方式。

4.2　技术准备

在处理一个学生的成绩时，我们定义了几个变量用来存放学生各门课的成绩，如果一个班有多个学生，每个学生都选修了若干门课程，则该如何存放和处理这些数据呢？Java 提供了数组来存放和处理批量数据。数组用于存储一组相同数据类型的数据，可通过数组名和索引方便地访问数组中的每一个元素，适用于对批量数据的处理。

数组

4.2.1　数组的定义与初始化

数组要先定义后使用。所谓数组的定义，就是声明一个数组，为其分配相应的存储空间。

1. 数组的定义

数组的定义格式如下。

数组类型[ ] 数组名 ＝new 数组类型[数组长度];

功能：声明一个数组，并为其分配相应的存储空间。

说明如下。

（1）数组类型即数组中要存放的数据的类型，既可以是基本数据类型，也可以是引用数据类型。

（2）数组类型后面的[ ]表示要声明的是一个一维数组。

（3）数组名由用户自定义，只要符合标识符命名规则即可。

（4）数组长度表示数组中可存放的数据元素的个数，要求必须是常量，不能是变量。

例如，定义一个长度为 3 的整型数组 score，代码如下。

int[ ] score = new int[3];

上述代码在声明数组的同时就为其分配了相应的存储空间，形式简洁。

数组的声明与存储空间的分配也可分开进行，即上述数组的定义也可采用如下形式。

```
int[] score;              //声明一个用于存放整型数据的数组 score
score = new int[3];       //为 score 数组分配存储空间（也称创建数组）
```

数组是一种引用数据类型。数组元素和数组名在内存里是分开存放的。Java 把内存分成两种，一种叫作栈内存，另一种叫作堆内存。栈内存用于存放一些基本数据类型的变量和引用数据类型的变量（如数组名或对象名）。堆内存用于存放由 new 创建的数组或对象。

数组名（即数组引用变量）只是一个引用（类似于 C 语言中的指针），代码"int[ ] score;"只是声明了一个数组引用变量，此时该数组引用变量并未指向任何真正的数组对象，只有执行了"score = new int[3];"，该数组引用变量才会真正指向数组对象。数组在内存中的存储示意如图 4-1 所示。

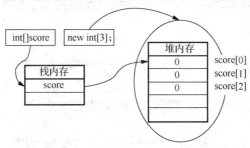

图 4-1 数组在内存中的存储示意

2. 数组的初始化

数组的初始化分为动态初始化和静态初始化。

动态初始化是指定义数组时没有为数组元素赋初始值，这时系统会自动为数组中的元素赋初始值。Java 中不同数据类型元素的默认初始值如表 4-1 所示。

表 4-1 不同数据类型元素的默认初始值

数据类型	默认初始值
byte、short、int、long	0
float、double	0.0
char	一个空字符，即'\u0000'
boolean	false
引用数据类型	null，表示变量不指向任何对象

静态初始化是指在定义数组的同时就为数组元素指定相应的初始值。格式如下。

数组类型[ ] 数组名=new 数组类型[ ]{初值 0，初值 1，…，初值 n};

功能：定义数组的同时为数组元素指定初始值。

提示 数组静态初始化时数组长度必须省略，系统会自动根据给出的初值个数确定数组的长度。如果给出数组长度，则编译时会出错。

例如，定义一个长度为 4 的整型数组，并给出相应的初始值，代码如下。

int[ ] score = new int[ ]{50，60，90，80};

数组静态初始化时也可将数组声明和数组创建分开写，即上述代码也可采用如下形式表示。

int[ ] score;
score = new int[ ]{50，60，90，80};

数组的静态初始化还可以采用如下更简洁的形式。

int[ ] score = {50，60，90，80};

采用此种形式时，数组的声明和创建不能分开写，即如下形式是错误的。

int[ ] score;
score = {50，60，90，80};

4.2.2 数组的常用操作

数组定义好后，就可以使用数组了。数组的常用操作有数组元素的访问、数组长度的获取、数组的遍历、最值的获取及排序等。

1. 数组元素的访问

数组元素可通过数组名[索引]的方式来访问，数组元素的索引从 0 开始。

2. 数组长度的获取

每个数组都有一个 length 属性，通过该属性可获取数组的长度。

3. 数组的遍历

操作数组时，经常需要依次访问数组中的每个元素，这种操作称为数组的遍历。数组的遍历通常借助循环结构来实现。

【例 4-1】定义一个包含 5 个学生成绩的数组，然后分别顺序、逆序输出数组中的所有元素。

```java
public class Ex401 {
    public static void main(String[] args) {
        int[] score = {80，90，88，70，69};
        System.out.print("顺序: ");
        for(int i = 0; i < score.length; i++){
            System.out.print(score[i] + " ");
        }
        System.out.println();
        System.out.print("逆序: ");
        for(int i = score.length-1; i >= 0; i--){
            System.out.print(score[i] + " ");
        }
    }
}
```

【运行结果】

顺序：80 90 88 70 69
逆序：69 70 88 90 80

Java 还提供了一种特殊的 for 循环（称为 foreach 循环）专门用于数组的遍历。格式如下。

```
for(类型名 变量:数组名 ) {
    循环体
}
```

功能：对数组中的每个元素依次执行一遍循环体。

说明：类型名为数组元素的类型，循环时系统自动依次将每个数组元素赋值给变量，然后执行一遍循环体。

【例 4-2】利用 foreach 循环遍历数组。

```
public class Ex402 {
    public static void main(String[ ] args) {
        int[ ] score = {80, 90, 88, 70, 69};
        for(int s : score){
            System.out.print(s + " ");
        }
    }
}
```

【运行结果】

80 90 88 70 69

 提示　foreach 循环遍历数组时只能顺序遍历，无法逆序遍历。

4. 数组最值的获取

找出一组数中的最大值或最小值也是数组的常用操作。找最值通常采用"打擂台法"来实现，以找最大值为例。首先假设第一个元素为当前最大值（即擂主），用一个变量记录其索引，然后将数组中的第二个元素到最后一个元素依次与当前最大值进行比较（打擂），谁大就记录谁的索引（即当前新擂主），当所有元素都比较完时，变量中记录的索引就是最大值所在的索引（即最终擂主）。

【例 4-3】已知一组学生成绩，求其最高分。

```
public class Ex403 {
    public static void main(String[ ] args) {
        int[ ] score = {80, 90, 88, 70, 69};
        int k = 0;
        for(int i = 1; i < score.length; i++){
            if (score[i] > score[k]){
                k = i;
            }
        }
        System.out.println("最高分是： " + score[k]);
    }
}
```

【运行结果】

最高分是：90

5. 数组排序

排序也是数组的常用操作，排序方法很多，如选择排序、冒泡排序等。假设数组 score 中存放了 n 个学生的成绩，要求按成绩从高到低进行排序。采用选择排序法进行降序排列的过程如下。

（1）从 n 个成绩中找出最高成绩与 score[0]交换；

（2）从剩余的 n-1 个成绩中找出最高成绩与 score[1]交换；

……

（n-1）从剩余的 2 个成绩中找出最高成绩与 score[n-2]交换。

选择排序实际上就是每次从当前的一组数中找出最值与指定位置上的元素交换。n 个元素共需要找 n-1 次最值。

【例 4-4】 已知一组学生的成绩，将其从高到低排序。

```java
public class Ex404 {
    public static void main(String[ ] args) {
        int[ ] score = {80, 90, 88, 70, 69};
        System.out.print("排序前: ");
        for(int s : score){
            System.out.print(s + " ");
        }
        System.out.println();
        for(int i = 0; i < score.length - 1; i++){
            int k = i;
            for(int j = i + 1;j < score.length; j++){
                if (score[j] > score[k]){
                    k = j;
                }
            }
            if(k != i){
                int t = score[k];
                score[k] = score[i];
                score[i] = t;
            }
        }
        System.out.print("排序后: ");
        for(int s : score){
            System.out.print(s + " ");
        }
    }
}
```

【运行结果】

排序前: 80 90 88 70 69
排序后: 90 88 80 70 69

4.2.3　二维数组

二维数组可以看作一个特殊的一维数组，即数组中的每个元素本身又是一个数组。可以把二维数组的逻辑结构比作二维表格，该表格由若干行、若干列构成，每一行包含的列数可以相同，也可以不相同。

1. 二维数组定义

方式 1：同时指定二维数组的长度和每个数组的元素个数。例如：

```
int[ ][ ] score = new int[3][4];
```

说明：上述代码实际上定义了 3 个 int 类型的一维数组，每个一维数组的长度为 4。该二维数组相当于一个行数为 3、列数为 4 的二维表格，其逻辑结构如图 4-2 所示。

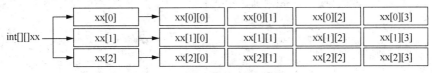

图 4-2　每行列数相同的二维数组

方式 2：只指定二维数组的长度，不指定每个数组的元素个数。例如：

```
int[ ][ ] score = new int[3][ ];
```

说明：上述代码只指定了二维数组的长度，相当于只指定了二维表格的行数，没指定每行包含的列数，可通过下述代码指定每行包含的列数（实际上就是为每个一维数组分配相应的存储空间）。

```
score[0] = new int[1];
score[1] = new int[2];
score[2] = new int[3];
```

此时该二维数组的逻辑结构如图 4-3 所示。

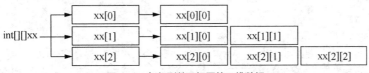

图 4-3　每行列数不相同的二维数组

2. 二维数组的静态初始化

二维数组的初始化同样分为动态初始化和静态初始化。二维数组动态初始化，即定义时没有指定初始值的数组元素系统会自动为其赋默认初始值。

二维数组静态初始化的方法与一维数组静态初始化的方法类似，将要初始化的数据放在花括号内，每行数据单独用一个花括号标注，每个花括号中的数据个数可以相同，也可以不相同（即每行包含的列数可以相同，也可以不相同）。例如：

```
int[ ][ ] score = new int[ ][ ]{{1, 2}, {3, 4, 5, 6}, {7, 8, 9}}
```

同样，上述代码也可简写成如下形式。

```
int[ ][ ] score = {{1, 2}, {3, 4, 5, 6}, {7, 8, 9}}
```

3. 二维数组元素的访问

二维数组元素的访问通过数组名[下标 1][下标 2]的方式实现，每个下标都是从 0 开始的。下标 1 为行下标，下标 2 为列下标。

4. 二维数组的遍历

二维数组的遍历需要借助双重循环实现，外循环用于控制行数，内循环用于控制列数。二维数组也有 length 属性，用于获取数组长度。

【例 4-5】二维数组的遍历。

```
public class Ex405 {
    public static void main(String[] args) {
        int[ ][ ] score = {{1, 2}, {3, 4, 5, 6}, {7, 8, 9}};
        //外循环用于控制行数，通过 length 属性获取数组长度
        for(int i = 0; i < score.length; i++){
            //内循环用于控制列数，每个元素本身是一个一维数组
            for(int j = 0; j < score[i].length; j++){
                System.out.print(score[i][j] + " ");
            }
            //每行元素输出结束后换行
            System.out.println();
        }
    }
}
```

【运行结果】

```
1 2
3 4 5 6
7 8 9
```

 提示　二维数组的遍历同样可通过 **foreach** 循环实现，即例 **4-5** 可改用如下代码实现。

```
public class Ex405 {
    public static void main(String[ ] args) {
        int[ ][ ] score = {{1, 2}, {3, 4, 5, 6}, {7, 8, 9}};
        //二维数组的每个元素本身是一个一维数组
        for(int[ ] arr : score){
            //对二维数组的每个元素（一维数组）继续用 foreach 循环遍历
            for(int s : arr){
                System.out.print(s + " ");
            }
            System.out.println();
        }
    }
}
```

5. 二维数组应用示例

【例 4-6】已知学生选修课程：数学、英语、语文的成绩（每门课程选修人数不同），求各门课程的平均分。

```
public class Ex406 {
    public static void main(String[ ] args) {
        String[ ] course = {"数学", "英语", "语文"};    //课程名称
```

```
int[][] score = {{70, 90, 88, 78, 97}, {68, 79, 88}, {90, 87, 67, 90, 98, 83}}; //每门课成绩
//统计每门课的平均分并输出
for(int i = 0; i < score.length; i++){
    float total = 0;
    for(int j = 0; j < score[i].length; j++){
        total += score[i][j];
    }
    float avg = total / score[i].length;
    System.out.println(course[i] + "平均分: " + avg);
    }
   }
}
```

【运行结果】

数学平均分: 84.6
英语平均分: 78.333336
语文平均分: 85.833336

4.2.4 命令行参数数组

命令行参数数组

main()方法中的参数 String[ ] args 称为命令行参数数组，此数组用于接收以命令方式运行程序时在命令行传递的参数。

【例 4-7】命令行参数数组应用示例。

```
public class Ex407 {
    public static void main(String[] args) {
        System.out.print("从命令行接收了" + args.length + "个参数，接收的参数是: ");
        for(int i = 0; i < args.length; i++){
            System.out.print(args[i] + " ");
        }
    }
}
```

程序运行结果如图 4-4 所示。

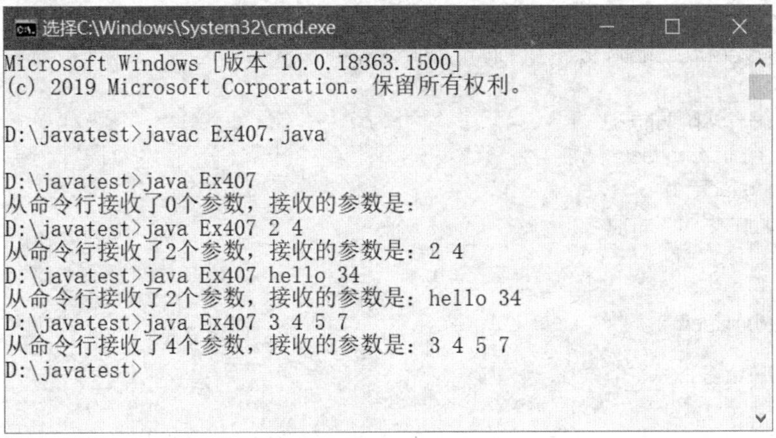

```
选择C:\Windows\System32\cmd.exe                               —    □    ×

Microsoft Windows [版本 10.0.18363.1500]
(c) 2019 Microsoft Corporation。保留所有权利。

D:\javatest>javac Ex407.java

D:\javatest>java Ex407
从命令行接收了0个参数，接收的参数是:
D:\javatest>java Ex407 2 4
从命令行接收了2个参数，接收的参数是: 2 4
D:\javatest>java Ex407 hello 34
从命令行接收了2个参数，接收的参数是: hello 34
D:\javatest>java Ex407 3 4 5 7
从命令行接收了4个参数，接收的参数是: 3 4 5 7
D:\javatest>
```

图 4-4　运行结果

4.2.5 方法的定义与调用

方法的定义与
调用

在编写程序时，可能会碰到一段相同代码需要重复使用多次的情况，例如，在数组排序时，数组的遍历输出代码就用了两次，这时可以把需要重复使用的代码定义成一个方法，以后需要用到此段代码时只需调用该方法即可。使用方法可提高代码的重用性，从而提高代码的可维护性。Java 中的方法类似于 C 语言中的函数。通常情况下，在结构化编程中将单独定义的一段可重复调用的代码称为函数，在面向对象编程中则称为方法。

1. 方法的定义

格式：

```
public static 返回值类型 方法名([形参表]){
    方法体;
}
```

说明如下。

（1）方法可以有返回值，也可以没有返回值。如果有返回值，则需在方法体中用"return 表达式;"语句返回相应的结果，表达式值的类型即返回值的类型。如果没有返回值，则返回值类型应设为 void。

（2）形参可以有 0 个或多个。每个形参都需要用"类型 参数名"的形式声明，即使多个形参的类型相同，也不能共用一个类型，如(int a，b)这样的参数声明是不合法的，正确的声明方式应是：(int a，int b)。

（3）形参需要用圆括号标注，即使没有形参，方法名后的圆括号也不能省略。

（4）public 表示这个方法的访问控制权限是公共的，static 表示这个方法是静态方法。

（5）方法命名规则为第一个单词首字母小写，后面的单词首字母大写，如 printMenu。

2. 方法的调用

方法定义好后，可以在其他方法中使用这一方法，这称为方法的调用，格式如下。

```
方法名([实参表])
```

说明：如果方法定义时没有声明形参，则调用时也不必给出实参。

【例 4-8】定义一个求阶乘的方法，然后利用该方法求 5 的阶乘。

```
public class Ex408 {
    public static void main(String[ ] args) {
        System.out.println("5!=" + fac(5)); //调用求阶乘的方法
    }
    //定义一个求阶乘的方法
    public static long fac(int n){
        long fac = 1;
        for(int i = 1;i <= n; i++){
            fac *= i;
        }
        return fac;
    }
}
```

【运行结果】

```
5!=120
```

【例 4-9】定义一个输出社会主义核心价值观内容的方法，然后在 main()方法中调用该方法。

```java
public class Ex409 {
    public static void main(String[ ] args) {
        printMsg();
    }

    public static void printMsg(){
        System.out.println("**********社会主义核心价值观**********");
        System.out.println("**\t 富强\t 民主\t 文明\t 和谐\t**");
        System.out.println("**\t 自由\t 平等\t 公正\t 法治\t**");
        System.out.println("**\t 爱国\t 敬业\t 诚信\t 友善\t**");
        System.out.println("************************************");
    }
}
```

程序运行结果如图 4-5 所示。

```
**********社会主义核心价值观**********
**    富强      民主      文明      和谐      **
**    自由      平等      公正      法治      **
**    爱国      敬业      诚信      友善      **
************************************
```

图 4-5　运行结果

4.2.6　方法的重载

假设有如下应用场景：要在程序中实现一个对数字求和的方法，数字可能是整数，也可能是小数，参与运算的数可能是 2 个，也可能是 3 个。此时我们可能需要定义 4 种方法，即定义一个对 2 个整数求和的方法，定义一个对 3 个整数求和的方法，定义一个对 2 个小数求和的方法，定义一个对 3 个小数求和的方法。代码如例 4-10 所示。

方法的重载

【例 4-10】利用普通方法实现不同个数、类型的数字求和。

```java
public class Ex410 {
    public static void main(String[ ] args) {
        System.out.println("两个整数求和: " + addInt2(3，4));
        System.out.println("三个整数求和: " + addInt3(3，4，5));
        System.out.println("两个小数求和: " + addDouble2(3.8，4.9));
        System.out.println("三个小数求和: " + addDouble3(3.8，4.9，5.3));
    }

    //2 个整数求和的方法
    public static int addInt2(int x，int y){
        return x + y;
    }

    //3 个整数求和的方法
```

```
        public static int addInt3(int x, int y, int z){
            return x + y + z;
        }


        //2 个小数求和的方法
        public static double addDouble2(double x, double y){
            return x + y;
        }


        //3 个小数求和的方法
        public static double addDouble3(double x, double y, double z){
            return x + y + z;
        }
}
```

【运行结果】

```
两个整数求和: 7
三个整数求和: 12
两个小数求和: 8.7
三个小数求和: 14.0
```

　　上述代码中由于参与求和数字的个数和类型都不确定，因此要针对不同的情况设计不同的方法，这样会使程序中用到的方法比较多，不便于使用。Java 允许在一个类中定义多个名称相同，但是参数个数或类型不同的方法，这就是方法的重载（实际上就是指一个类中有多个同名方法）。

　　利用方法的重载将上述代码重新改写。

【例 4-11】利用方法的重载实现不同个数、类型的数字求和。

```
public class Ex411 {
    public static void main(String[ ] args) {
        System.out.println("两个整数求和: " + add(3, 4));
        System.out.println("三个整数求和: " + add(3, 4, 5));
        System.out.println("两个小数求和: " + add(3.8, 4.9));
        System.out.println("三个小数求和: " + add(3.8, 4.9, 5.3));
    }


    //2 个整数求和的方法
    public static int add(int x, int y){
        return x + y;
    }


    //3 个整数求和的方法
    public static int add(int x, int y, int z){
        return z + y + z;
    }


    //2 个小数求和的方法
    public static double add(double x, double y){
        return x + y;
```

```
    }

    //3 个小数求和的方法
    public static double add(double x，double y，double z){
        return x + y + z;
    }
}
```

【运行结果】

两个整数求和：7
三个整数求和：12
两个小数求和：8.7
三个小数求和：14.0

在调用方法时，系统会自动根据传递的参数个数或参数类型决定调用哪个同名方法。

> **提示** 方法的重载必须满足两个条件，一是方法名相同，二是参数个数或参数类型不同，与返回值类型无关。

4.2.7 不定长参数

在求几个数的和时，参数可能是 2 个数，也可能是 3 个数，或者是 4 个数、5 个数，即参数个数不确定。如果按照前述方法，则需要分别定义不同参数个数的 add() 方法，尽管其名称都相同，还是需要定义多个 add()方法，仍然不够灵活，这时可采用可变长度参数（也叫不定长参数）。

不定长参数

在定义方法时，在形参类型后（或者在形参名前）增加 3 个点（...），表示该形参可以接收多个参数值，接收进来的多个参数值被当成数组传入。

不定长参数只能处于形参表的最后，而且一个方法中最多只能包含一个不定长参数。调用一个包含不定长形参的方法时，这个不定长形参既可以接收多个参数，也可以接收一个数组。

【例 4-12】求任意多个整数和任意多个小数的和。

```java
public class Ex412 {
    public static void main(String[ ] args) {
        System.out.println("2 个整数和： " + add(2，3));         //传递 2 个整数
        System.out.println("3 个整数和： " + add(2，3，4));      //传递 3 个整数
        //以数组形式传递多个整数
        System.out.println("5 个整数和： " + add(new int[ ]{1，2，3，4，5}));
        System.out.println("3 个小数和： " + add(2.4，3.5，5.3));   //传递 3 个小数
        System.out.println("1 个小数和： " + add(2.3));             //传递 1 个小数
        //以数组形式传递多个小数
        System.out.println("4 个小数和： " + add(new double[ ]{2.4，3.5，1.2，3.9}));
    }

    //求任意多个整数的和
    public static int add(int... nums){
        int sum = 0;
        for(int n : nums){
```

```
            sum += n;
        }
        return sum;
    }

    //求任意多个小数的和
    public static double add(double... nums){
        double sum = 0;
        for(double n : nums){
            sum += n;
        }
        return sum;
    }
}
```

【运行结果】

```
2 个整数和: 5
3 个整数和: 9
5 个整数和: 15
3 个小数和: 11.2
1 个小数和: 2.3
4 个小数和: 11.0
```

参数传递

4.2.8　参数传递

调用方法时，参数传递是单向传递的，即由实参传递给形参。需要注意的是，形参如果是基本数据类型，则在方法体中对形参的修改不会影响到实参；而如果形参是引用数据类型，则在方法体中对形参的修改可能会影响到实参。

【例 4-13】基本数据类型作形参。

```
public class Ex413 {
    public static void main(String[] args) {
        int n = 100;
        System.out.println("方法调用前，n=" + n);
        change(n);
        System.out.println("方法调用后，n=" + n);
    }

    public static void change(int n) {
        n = 10;
        System.out.println("在 change()方法中，n=" + n);
    }
}
```

【运行结果】

```
方法调用前，n=100
在 change()方法中，n=10
方法调用后，n=100
```

由运行结果可以看出，当形参是基本数据类型时，在方法体内对形参的修改不会影响到实参。

【例 4-14】引用数据类型作形参。

```
public class Ex414 {
    public static void main(String[ ] args) {
        int[ ] arr = {80，90，77，97};
        System.out.println("方法调用前，arr[0]=" + arr[0]);
        change(arr);
        System.out.println("方法调用后，arr[0]=" + arr[0]);
    }

    public static void change(int[ ] arr){
        arr[0] = 100;
        System.out.println("在 change()方法中，arr[0]=" + arr[0]);
    }
}
```

【运行结果】

```
方法调用前，arr[0]=80
在 change()方法中，arr[0]=100
方法调用后，arr[0]=100
```

由运行结果可以看出，当形参是引用数据类型时，在方法体内对形参的修改可能会影响到实参。

4.2.9　变量作用域

程序中用到的变量并不是在任何位置都可以访问的，对变量的访问控制权限取决于这个变量是在哪里定义的。变量起作用的代码范围称为变量的作用域。变量的作用域决定了在哪一部分代码中可以访问哪些变量。

在方法中，变量的作用域分为块级和方法级，对应的变量分别称为块级变量和局部变量。

变量作用域

块级变量是在代码块（代码块是指用花括号标注的一组语句）中定义的变量，其作用域为从定义处到所在的代码块结束。局部变量是在方法内部定义的变量，其作用域为从定义处到方法结束。

在同一作用域内不允许有同名变量出现，但在不同作用域内可以有同名变量，两者互不影响。

【例 4-15】块级变量和局部变量作用域应用示例。

```
public class Ex415 {
    public static void main(String[ ] args) {
        int n = 100;          //局部变量
        //代码块 1
        {
            int m = 9;        //块级变量
            System.out.println("在 main()方法的代码块 1 中，m=" + m);
            System.out.println("在 main()方法的代码块 1 中，n=" + n);
        }
        //代码块 2
        {
            int m = 99;       //块级变量
            System.out.println("在 main()方法的代码块 2 中，m=" + m);
            System.out.println("在 main()方法的代码块 2 中，n=" + n);
```

```
        }
        System.out.println("在 main()方法中，n=" + n);
        //下面的语句无法通过编译，原因是变量 m 已经超出了其作用域
        //System.out.println("在 main()方法中，m=" + m);
        change(n);
        int m = 88;   //局部变量
        System.out.println("在 main()方法中，m=" + m);
    }

    public static void change(int n){
        n = 10;
        System.out.println("在 change()方法中，n=" + n);
    }
}
```

【运行结果】
```
在 main()方法的代码块 1 中，m=9
在 main()方法的代码块 1 中，n=100
在 main()方法的代码块 2 中，m=99
在 main()方法的代码块 2 中，n=100
在 main()方法中，n=100
在 change()方法中，n=10
在 main()方法中，m=88
```

4.3 任务实施

已知所有学生选修课程数学、语文、英语的成绩，要求统计每门课程的最高分、最低分、平均分及不及格人数。

4.3.1 统计课程最高分

【分析】每门课程成绩可以用一个一维数组来存放，3 门课程都需要统计课程最高分，可以定义一个求课程最高分的方法，然后分别调用该方法得到每门课程的最高分。

【参考代码】
```
public class ScoreMax {
    public static void main(String[] args) {
        int[] math = {68, 90, 98, 79, 67, 45, 65, 56};        //数学成绩
        int[] chinese = {80, 87, 65, 89, 53, 83, 99, 88};     //语文成绩
        int[] english = {50, 99, 87, 80, 75, 55, 78, 85};     //英语成绩
        System.out.println("数学最高分：" + max(math));
        System.out.println("语文最高分：" + max(chinese));
        System.out.println("英语最高分：" + max(english));
    }

    //定义一个求课程最高分的方法
    public static int max(int[] scores){
```

```
        int k = 0;
        for(int i = 1;i < scores.length;i++){
            if (scores[i] > scores[k]) {
                k = i;
            }
        }
        return scores[k];
    }
}
```

【运行结果】

数学最高分: 98
语文最高分: 99
英语最高分: 99

4.3.2　统计课程最低分

【分析】每门课程成绩用一个一维数组来存放，3门课程都需要统计课程最低分，可以定义一个求课程最低分的方法，然后分别调用该方法得到每门课程的最低分。

【参考代码】

```
public class ScoreMin {
    public static void main(String[ ] args) {
        int[ ] math = {68, 90, 98, 79, 67, 45, 65, 56};      //数学成绩
        int[ ] chinese = {80, 87, 65, 89, 53, 83, 99, 88};   //语文成绩
        int[ ] english = {50, 99, 87, 80, 75, 55, 78, 85};   //英语成绩
        System.out.println("数学最低分: " + min(math));
        System.out.println("语文最低分: " + min(chinese));
        System.out.println("英语最低分: " + min(english));
    }

    //定义一个求课程最低分的方法
    public static int min(int[ ] scores){
        int k = 0;
        for(int i = 1;i < scores.length;i++){
            if (scores[i] < scores[k]) {
                k = i;
            }
        }
        return scores[k];
    }
}
```

【运行结果】

数学最低分: 45
语文最低分: 53
英语最低分: 50

4.3.3 统计课程平均分

【分析】每门课程成绩用一个一维数组来存放，3门课程都需要统计课程平均分，可以定义一个求平均分的方法，然后分别调用该方法得到每门课程的平均分。

【参考代码】

```java
public class ScoreAvg {
    public static void main(String[] args) {
        int[] math = {68, 90, 98, 79, 67, 45, 65, 56};        //数学成绩
        int[] chinese = {80, 87, 65, 89, 53, 83, 99, 88};     //语文成绩
        int[] english = {50, 99, 87, 80, 75, 55, 78, 85};     //英语成绩
        System.out.println("数学平均分：" + avg(math));
        System.out.println("语文平均分：" + avg(chinese));
        System.out.println("英语平均分：" + avg(english));
    }

    //定义一个求课程平均分的方法
    public static double avg(int[] scores){
        double total = 0;
        for(int i = 0;i < scores.length;i++){
            total += scores[i];
        }
        return total/scores.length;
    }
}
```

【运行结果】

```
数学平均分：71.0
语文平均分：80.5
英语平均分：76.125
```

4.3.4 统计课程不及格人数

【分析】每门课程成绩用一个一维数组来存放，3门课程都需要统计课程不及格人数，可以定义一个统计课程不及格人数的方法，然后分别调用该方法得到每门课程的不及格人数。

【参考代码】

```java
public class ScoreFails {
    public static void main(String[] args) {
        int[] math = {68, 90, 98, 79, 67, 45, 65, 56};        //数学成绩
        int[] chinese = {80, 87, 65, 89, 53, 83, 99, 88};     //语文成绩
        int[] english = {50, 99, 87, 80, 75, 55, 78, 85};     //英语成绩
        System.out.println("数学不及格人数：" + fails(math));
        System.out.println("语文不及格人数：" + fails(chinese));
        System.out.println("英语不及格人数：" + fails(english));
    }

    //定义一个统计课程不及格人数的方法
```

```
public static int fails(int[ ] scores){
    int count = 0;
    for(int i = 0;i < scores.length;i++){
        if (scores[i] < 60){
            count ++;
        }
    }
    return count;
}
}
```

【运行结果】

数学不及格人数: 2
语文不及格人数: 1
英语不及格人数: 2

4.3.5 学生成绩管理子模块实现

上述各功能是分开实现的，在实际项目中需要将各功能整合在一起，为用户提供相应的功能菜单，用户选择相应的菜单来实现课程数据的统计。

【分析】进入学生成绩管理子模块后，会显示相应的功能菜单及相应的命令提示符"score>"，用户可以在命令提示符后输入命令来执行相应的功能,系统能够接收的命令是"avg""max""min""fails""return"，其他输入无效。进入该子模块后，系统循环等待用户输入命令，直到用户输入"return"为止。

【参考代码】

```
public class BatchScore {
    public static void main(String[ ] args) {
        process();
    }

    //输出功能菜单
    public static void printMenu(){
        System.out.println("------学生成绩管理---------");
        System.out.println("avg：-----课程平均分");
        System.out.println("max：-----课程最高分");
        System.out.println("min：-----课程最低分");
        System.out.println("fails：---不及格人数");
        System.out.println("return：---返回");
        System.out.println("----------------------------");
    }

    //菜单功能实现
    public static void process(){
        int[ ] math = {68, 90, 98, 79, 67, 45, 65, 56};
        int[ ] chinese = {80, 87, 65, 89, 53, 83, 99, 88};
        int[ ] english = {50, 99, 87, 80, 75, 55, 78, 85};
        printMenu();
```

```java
while(true){
    Scanner sc = new Scanner(System.in);
    System.out.print("score>");
    String choice = sc.next();
    switch (choice){
        case "max" : courseMax(math，chinese，english); break;
        case "min" : courseMin(math，chinese，english); break;
        case "avg" : courseAvg(math，chinese，english); break;
        case "fails" : courseFails(math，chinese，english); break;
        case "return" : return;
        default : System.out.println("输入错误");
    }
}
}

//定义一个求课程最高分的方法
public static int max(int[ ] scores){
    int k = 0;
    for(int i = 1;i < scores.length;i++){
        if (scores[i] > scores[k]) {
            k = i;
        }
    }
    return scores[k];
}

//定义一个求课程最低分的方法
public static int min(int[ ] scores){
    int k = 0;
    for(int i = 1;i < scores.length;i++){
        if (scores[i] < scores[k]) {
            k = i;
        }
    }
    return scores[k];
}

//定义一个求课程平均分的方法
public static double avg(int[ ] scores){
    double total = 0;
    for(int i = 0;i < scores.length;i++){
        total += scores[i];
    }
    return total/scores.length;
}
```

```java
//定义一个统计课程不及格人数的方法
public static int fails(int[] scores){
    int count = 0;
    for(int i = 0;i < scores.length;i++){
        if (scores[i] < 60){
            count ++;
        }
    }
    return count;
}


//统计课程最高分
public static void courseMax(int[] math, int[] chinese, int[] english){
    System.out.println("数学最高分: " + max(math));
    System.out.println("语文最高分: " + max(chinese));
    System.out.println("英语最高分: " + max(english));
}


//统计课程最低分
public static void courseMin(int[] math, int[] chinese, int[] english){
    System.out.println("数学最低分: " + min(math));
    System.out.println("语文最低分: " + min(chinese));
    System.out.println("英语最低分: " + min(english));
}


//统计课程平均分
public static void courseAvg(int[] math, int[] chinese, int[] english){
    System.out.println("数学平均分: " + avg(math));
    System.out.println("语文平均分: " + avg(chinese));
    System.out.println("英语平均分: " + avg(english));
}

//统计课程不及格人数
public static void courseFails(int[] math, int[] chinese, int[] english){
    System.out.println("数学不及格人数: " + fails(math));
    System.out.println("语文不及格人数: " + fails(chinese));
    System.out.println("英语不及格人数: " + fails(english));
}

}
```

【运行结果】

　　程序运行结果如图 4-6 所示。由运行结果可以看出，用户输入命令"avg""max""min""fails"时能够正确统计出课程的相关数据，输入无效命令时会给出相应的错误提示。程序逻辑和功能满足预期要求。

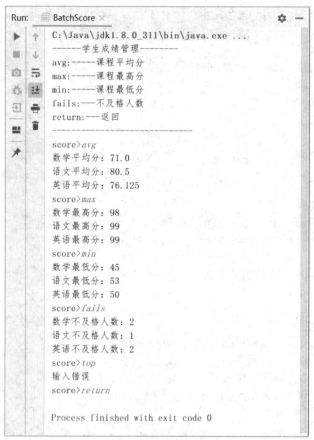

图4-6　学生成绩管理子模块功能

4.4　任务小结

通过本任务的实施，我们了解和掌握了 Java 中数组的使用方法，能够利用数组高效处理各种批量数据。分而治之，大而化小，模块化的程序设计让我们在解决复杂问题时游刃有余。合理使用方法可有效提高代码的重用性，使程序更加简洁、易于维护。

4.5　练习题

一、填空题

1. 已知 int[ ] arr = {1，2，3，4，5}，则 arr[3]的值为_____。

2. 已知 int[ ] arr = new int[10]，则 arr[1]的值为_____。

3. 已知 int[ ] arr = {1，2，3，4，5}，则 arr.length 的值为_____。

4. 已知 int[ ][ ] arr = {{1，2，3}，{4，5}，{6，7，8，9}}，则 arr.length 的值为_____。

5. 已知 int[ ][ ] arr = {{1，2，3}，{4，5}，{6，7，8，9}}，则 arr[1].length 的值为_____。

二、判断题

1. 已知 int[ ][ ] arr = new int[3][ ]，此时 arr[2].length 的值为 0。（　　　）

2. 调用方法时参数传递是双向的，既可以由实参传给形参，也可以由形参传给实参。（   ）

3. 一个方法体中如果有语句 return 3;出现，则这个方法的返回值一定是 3。（   ）

4. 在同一个类中，不允许出现同名方法。（   ）

5. 如果方法定义中形参为(int... args, int a)，则其无法通过编译。（   ）

三、选择题

1. 已知 int[ ][ ] arr = {{1，2，3}，{4，5}，{6，7，8，9}}，则 arr[2][2]的值为_____。

   A. 5   B. 2   C. 4   D. 8

2. 能够正确定义一个长度为 3 的二维数组的语句是_____。

   A. int[ ][ ] arr = new int[2][3];   B. int[3][2] arr = new int[ ][ ];

   C. int[ ][ ] arr = new int[ ][3];   D. int[ ][ ] arr = new int[3][ ];

3. 以下数组定义错误的是_____。

   A. int[ ] score = new int[5];

   B. int[ ] score = {1，2，3，4，5};

   C. int[ ] score = new int[5]{1，2，3，4，5};

   D. int[ ][ ] score = new int[3][5];

4. 下述代码的运行结果是_____。

```
int[ ][ ] arrs = {{1，2}，{3，4，5}，{6，7，8，9，10}};
int sum = 0;
for (int[ ] arr : arrs) {
    for (int a : arr) {
        sum += a;
    }
}
System.out.println(sum);
```

   A. 3   B. 55   C. 12   D. 40

5. 下列代码的输出结果是_____。

```
public class Test {
    public static void main(String[ ] args) {
        int x = 4，y = 5;
        change(x，y);
        System.out.println(x);
    }

    public static void change(int x，int y){
        int t = x;
        x = y;
        y = t;
    }
}
```

   A. 4   B. 5   C. 9   D. 45

四、上机练习题

1. 已知一个销售小组 5 名成员的销售额，统计所有成员的销售额总和及平均销售额。

2. 已知 10 名学生的成绩，从高到低输出前 3 名的成绩。

3. 定义一个判断一个数是否是水仙花数的方法，利用该方法输出所有的水仙花数。水仙花数是指一个三位数，其每位上的数字的立方和等于其本身，如 153=1×1×1+5×5×5+3×3×3，即 153 是水仙花数。

4. 定义一个判断一个数是否是素数的方法，利用该方法求 100~200 的所有素数。

5. 求任意一组数的平均值。

4.6 拓展实践项目——统计批量商品销量数据

【实践描述】

商品信息管理系统的商品销量统计模块需要完成批量商品的销量统计功能。

【实践要求】

已知所有商品前三季度的销量，统计前三季度各季度商品的最高销量、最低销量和平均销量。

任务5

学生基本信息管理模块
实现（面向对象）

面向对象程序设计是目前程序设计的主流方法，是一种符合人类思维习惯的编程方法。Java 是完全面向对象的语言。本部分内容将主要介绍 Java 中类与对象的使用、类的组织、访问控制权限，以及面向对象的三大特性——封装、继承和多态，还会介绍内部类及 Lambda 表达式的使用。

教学与素养目标

> 培养学生学习兴趣，提高自主学习与自主探究能力
> 了解面向对象程序设计思想
> 理解面向对象的基本概念及特性
> 掌握类的定义与使用方法

> 掌握抽象类与接口的使用方法
> 了解内部类与 Lambda 表达式的使用
> 能够熟练进行类的定义与实例化
> 能够合理使用访问控制权限
> 能够利用面向对象编程解决实际问题

5.1 任务描述

本任务采用面向对象程序设计方法来实现学生基本信息管理子模块的主要功能：学生信息的添加、删除、修改和显示。完成本任务需要了解和掌握面向对象程序设计方法，掌握 Java 中类与对象的使用方法。

5.2 技术准备

面向对象程序设计思想是一种非常符合人类思维习惯的编程思想，主要是针对大型软件设计提出的。该思想使得软件设计更加灵活，能够很好地支持代码复用和设计复用，使代码具有更好的可读性和可扩展性，大幅度降低了软件开发的难度。

Java 采用了完全面向对象的程序设计思想，是真正面向对象的高级编程语言，支持封装、继承、多态等面向对象特性。

5.2.1 类与对象

在面向对象程序设计中，程序的基本单元是类。类是对具有相同属性和行为的一组实例对象的抽象，

类包含数据（描述类的属性）和方法（对数据的操作）两部分。例如，每个学生都有学号、姓名、成绩等属性，可对这些属性进行操作（如设置学生信息、读取学生信息等）。因此，可以将描述学生属性的数据（学号、姓名、成绩）和对数据进行操作的方法（设置学生信息、读取学生信息等）封装在一起，形成一个学生类，每个学生都是学生类的一个具体实例对象。

类与对象的关系就如数据类型和数据之间的关系：类是对象的抽象，对象是类的具体实例。

类中用于描述对象属性的数据称为成员变量，用于描述对象行为的操作称为成员方法，成员变量和成员方法统称为类的成员。

在面向对象程序设计中，要使用对象，需要先定义一个类。类是创建对象的模板，它用于描述一组对象的共同特征和行为。

类的定义

1. 类的定义

Java 使用关键字 class 来定义类，基本使用格式如下。

```
[修饰符] class 类名{
    类成员定义;
}
```

说明如下。

（1）类修饰符可以省略，也可以使用 public、final、abstract，但 final 与 abstract 不能同时出现。类修饰符可简记成：[public] [final | abstract]。

（2）类名为自定义的类的名称，需遵循标识符命名规则。通常情况下建议类名首字母大写。

（3）类的成员包括成员变量和成员方法，无论哪种成员，都可以是 0 个或多个，根据需要定义即可。

（4）成员变量定义格式如下。

```
[修饰符] 数据类型 变量名 [=值];
```

成员变量修饰符可以省略，也可以使用 public、private、protected、final、static，其中 public、private、protected 三者最多只能出现其一，可以将其与 final、static 组合起来修饰成员变量。成员变量修饰符可简记成：[public | private | protected] [final] [static]。

（5）成员方法定义格式如下。

```
[修饰符] 返回值类型 方法名([形参表]){
    方法体;
}
```

成员方法修饰符可以省略，也可以使用 public、private、protected、final、abstract 、static，其中 public、private、protected 三者最多只能出现其一，abstract 与 final 两者最多只能出现其一，它们可与 static 组合起来修饰成员方法。成员方法修饰符可简记成：[public | private | protected] [final | abstract] [static]。

【例 5-1】定义一个学生类。

```
public class Student {
    String name = "王芳";
    int age = 20;

    public void study(){
        System.out.println("我在努力学习 Java!");
    }
}
```

2. 对象的创建

类定义好后，就可以通过该类来实例化一个对象。格式如下。

对象的创建
与使用

类名 对象名 = new 类名();

例如，创建一个学生类对象，代码如下。

Student stu = new Student();

上述代码首先声明一个对象变量，然后为其分配存储空间。这两步通常合并在一起写，也可分开写成如下形式。

Student stu;
stu = new Student();

与数组类似，类也是一种引用数据类型，因此上述代码中的 stu 是一个引用类型变量，stu 本身存储在栈内存中，而 stu 指向的真正的对象则存储在堆内存中。

3. 对象的使用

对象创建完毕，就可以使用了。可通过成员运算符"."来访问对象的成员变量或调用成员方法。格式如下。

对象名.成员变量名
对象名.成员方法名([实参表])

【例 5-2】对象的使用示例。

```java
public class Ex502 {
    public static void main(String[ ] args) {
        Student stu = new Student();          //实例化对象
        stu.study();                          //调用成员方法
        System.out.println("姓名：" + stu.name); //访问成员变量
        System.out.println("年龄：" + stu.age);  //访问成员变量
    }
}
```

【运行结果】

我在努力学习 Java!
姓名：王芳
年龄：20

定义完一个类，要使用该类或要测试该类时，可以有以下几种实现方法。

（1）将类定义单独放在一个文件中，再编写一个测试类（测试类也单独放在一个文件中），在测试类的 main()方法中实例化对象并使用该对象，如例 5-1 和例 5-2 所示。这种方式是实际项目开发中经常采用的。

（2）将类定义和测试类都放在一个文件中。此时这个文件包含多个类，Java 规定当一个文件包含多个类时，只能有一个类是 public 类，通常是 main()方法所在的类，其他类不能再用 public 修饰。例如，将例 5-1 和例 5-2 的代码合并成一个文件，代码如下。

```java
class Student {
    String name = "王芳";
    int age = 20;

    public void study(){
        System.out.println("我在努力学习 Java!");
    }
}
```

```
public class Ex502 {
    public static void main(String[] args) {
        Student stu = new Student();              //实例化对象
        stu.study();                              //调用成员方法
        System.out.println("姓名：" + stu.name);   //访问成员变量
        System.out.println("年龄：" + stu.age);    //访问成员变量
    }
}
```

（3）直接在类中添加 main()方法，然后在 main()方法中实例化对象并使用该对象。代码如下。

```
public class Student {
    String name = "王芳";
    int age = 20;

    public void study(){
        System.out.println("我在努力学习 Java!");
    }

    public static void main(String[] args) {
        Student stu = new Student();              //实例化对象
        stu.study();                              //调用成员方法
        System.out.println("姓名：" + stu.name);  //访问成员变量
        System.out.println("年龄：" + stu.age);   //访问成员变量
    }
}
```

构造方法

4. 构造方法

构造方法（也叫构造器）是类的一个特殊方法，在实例化对象时由系统自动调用，如果没有显式定义该方法，则系统会调用默认构造方法。该方法通常用于初始化对象，如为成员变量设置初始值或进行其他必要的初始化工作。

构造方法定义格式如下。

```
[修饰符] 方法名 ([形参表]){
    方法体;
}
```

说明如下。

（1）构造方法的修饰符通常采用 public 或省略。

（2）构造方法的方法名必须与类名相同。

（3）方法名前面没有返回值类型。

（4）方法体中不能使用 return 语句来返回值。

（5）一个类中如果没有显式地定义构造方法，则系统会自动提供一个默认的无参构造方法。

（6）一旦为类定义了构造方法，系统将不再提供默认的无参构造方法。

【例 5-3】构造方法应用示例。

```
class Student{
    String name = "王芳";
    int age = 20;
```

```
    //构造方法
    Student(){
        System.out.println("对象初始化......");
    }

    public void study(){
        System.out.println("我在努力学习 Java!");
    }
}

public class Ex503 {
    public static void main(String[ ] args) {
        Student stu = new Student();    //实例化对象
    }
}
```

【运行结果】

对象初始化......

通过运行结果可以看出，实例化对象时，系统自动调用了构造方法 Student()。

构造方法与成员方法一样，支持方法重载。在一个类中可以定义多个构造方法，只要每个构造方法的参数类型或参数个数不同即可。

【例 5-4】构造方法的重载。

```
class Student{
    String name = "王芳";
    int age = 20;

    //无参构造方法
    Student(){
    }

    //带有 1 个参数的构造方法
    Student(String stuName){
        name = stuName;
    }

    //带有 2 个参数的构造方法
    Student(String stuName，int stuAge){
        name = stuName;
        age = stuAge;
    }

    //普通成员方法
    public void info(){
        System.out.println("姓名：" + name + "\t 年龄：" + age);
    }
}
```

```
public class Ex504 {
    public static void main(String[ ] args) {
        Student stu1 = new Student();              //实例化对象
        stu1.info();                               //调用成员方法
        Student stu2 = new Student("张军");         //实例化对象
        stu2.info();                               //调用成员方法
        Student stu3 = new Student("李朋"， 30);    //实例化对象
        stu3.info();                               //调用成员方法
    }
}
```

【运行结果】

姓名：王芳 年龄：20
姓名：张军 年龄：20
姓名：李朋 年龄：30

提示　在定义一个类时，通常会在定义有参构造方法后，再显式地定义一个无参构造方法。

5. this 关键字

this 关键字

Java 提供了一个关键字 this 来指代当前对象，用于在方法中访问对象的成员。this 关键字的常见用法有两种，一是通过 this 调用构造方法，二是通过 this 访问成员变量。

用法 1：通过 this 调用构造方法。

此种用法主要用于实现代码复用。当类的一个构造方法中的一段代码与另一个构造方法中的代码完全相同时，没有必要重复编写，可通过关键字 this 直接调用该构造方法，其使用格式如下。

```
this([实参表])
```

用法 2：通过 this 访问成员变量。

此种用法主要用于解决成员变量名与局部变量名相冲突的问题。成员变量是定义在类中的变量，局部变量是定义在方法中的变量。在一个方法中允许局部变量与成员变量同名，但此时在方法中直接通过变量名访问到的将是局部变量而非成员变量。这时可在变量名前加 this 关键字来指明访问成员变量。此种应用场景也多出现在构造方法中。构造方法通常用于为成员变量赋值，其形参名通常采用与成员变量相同的名称，以减少变量名。

下面利用 this 关键字将例 5-4 重新改写。

【例 5-5】this 关键字使用示例。

```
class Student{
    String name = "王芳";
    int age = 20;

    //无参构造方法
    Student(){
    }

    //带有 1 个参数的构造方法
```

```
        Student(String name){
            this.name = name;          //通过 this 访问成员变量
        }

        //带有 2 个参数的构造方法
        Student(String name，int age){
            this(name);                //通过 this 调用其他构造方法
            this.age = age;            //通过 this 访问成员变量
        }

        //普通成员方法
        public void info(){
            System.out.println("姓名："+ name + "\t 年龄："+ age);
        }
    }

public class Ex505 {
    public static void main(String[] args) {
        Student stu1 = new Student();            //实例化对象
        stu1.info();     //调用成员方法
        Student stu2 = new Student("张军");       //实例化对象
        stu2.info();     //调用成员方法
        Student stu3 = new Student("李朋"，30);   //实例化对象
        stu3.info();     //调用成员方法
    }
}
```

程序运行结果与例 5-4 的相同。

 提示　（1）使用 this 调用构造方法的语句必须是该方法的第一条执行语句；
　　　　　（2）只能在构造方法中使用 this 关键字调用该类的其他构造方法，不能在成员方法中使用。

6. static 关键字

Java 中的 static 关键字可以用来修饰成员变量或成员方法。用 static 修饰的成员变量称为类变量（也称为静态变量），没有用 static 修饰的成员变量称为实例变量；用 static 修饰的成员方法称为类方法（也称为静态方法），没有用 static 修饰的成员方法称为实例方法。

static 关键字

类变量和类方法属于类本身的成员变量和成员方法，由该类的所有实例对象共享。无论通过何种方法修改了类变量，该类的所有对象都会受到影响。

实例变量和实例方法属于具体实例对象的成员变量和成员方法，在不同实例对象之间，实例成员相互独立。任何对象改变自身的成员变量或调用其成员方法时，其他对象不受影响。

类变量和类方法既可以通过对象名访问或调用，也可以在不实例化对象的情况下直接通过类名进行访问或调用。实例变量和实例方法只能通过对象名来访问或调用。

在实例方法中既可以访问实例变量，也可以访问类变量；但在类方法中只能访问类变量，不能访问实例变量。

【例 5-6】static 关键字使用示例。

```java
class Student{
    static String school = "清华大学";     //类变量
    String name;                         //实例变量
    int age;                             //实例变量

    public Student(String name, int age) {
        this.name = name;
        this.age = age;
    }

    //实例方法
    public void info(){
        System.out.print("学校: " + school);
        System.out.print("\t 姓名: " + name);
        System.out.println("\t 年龄: " + age);
    }

    //类方法
    public static void msg(){
        System.out.println("学校: " + school);
    }
}

public class Ex506 {
    public static void main(String[] args) {
        System.out.println("---类方法输出结果---");
        Student.msg();                   //通过类名调用类方法
        System.out.println("---实例方法输出结果（对象 1）---");
        Student stu1 = new Student("王芳", 23);
        stu1.info();                     //通过对象名调用实例方法
        System.out.println("---实例方法输出结果（对象 2）---");
        Student stu2 = new Student("张梅", 20);
        stu2.info();                     //通过对象名调用实例方法
        System.out.println("---修改一个对象的实例变量，其他对象不受影响---");
        stu1.name = "李朋";              //修改实例变量，通过对象名访问实例变量
        stu1.info();
        stu2.info();
        System.out.println("---修改类变量，所有对象都会受影响---");
        Student.school = "北京大学";     //修改类变量，通过类名访问类变量
        stu1.info();
        stu2.info();
        System.out.println("---可通过对象名调用类方法---");
        stu1.msg();                      //通过对象名调用类方法
    }
}
```

【运行结果】

```
---类方法输出结果---
学校: 清华大学
---实例方法输出结果（对象1）---
学校: 清华大学   姓名: 王芳   年龄: 23
---实例方法输出结果（对象2）---
学校: 清华大学   姓名: 张梅   年龄: 20
---修改一个对象的实例变量，其他对象不受影响---
学校: 清华大学   姓名: 李朋   年龄: 23
学校: 清华大学   姓名: 张梅   年龄: 20
---修改类变量，所有对象都会受影响---
学校: 北京大学   姓名: 李朋   年龄: 23
学校: 北京大学   姓名: 张梅   年龄: 20
---可通过对象名调用类方法---
学校: 北京大学
```

5.2.2 类的组织

在项目开发中，一个项目可能包含若干个类，为了方便对类进行组织和管理，Java 中引入了包机制，它提供了相应的访问控制权限和命名管理机制。包实际上就是一个目录，一个包对应一个目录，包名就是目录名。目录可以有多级，即一个目录下面可以有若干个子目录，同样地，包也可以有多级，即一个包下面可以有若干个子包。目录与子目录通常用"\"分隔，形如"cn\jnvc"；包与子包以"."分隔，形如"cn.jnvc"。

类的组织

1. 包的创建

包的创建通过 package 语句实现，格式如下。

```
package 包名
```

说明如下。

（1）包名需满足标识符命名规则，通常情况下包名全部采用小写字母。

（2）在不考虑注释和空行的情况下，package 语句应位于源文件的第一行。

（3）一个源文件中只能出现一次 package 语句。

2. 包的导入

同一包中的类可以直接通过类名使用，不同包中的类不能直接通过类名使用。当一个包中的类要使用另一个包中的类时，通常有两种方法。一种是使用完整类名引用包中的类，即在类名前面加上完整的包名，形如"cn.jnvc.Student"，此种方法比较烦琐；另一种是使用 import 语句导入包中的类。当使用 import 语句把其他包中的类导入后，可直接通过类名来使用该类。import 语句使用格式如下。

```
import 包名.类名;
```

说明如下。

（1）import 语句通常出现在 package 语句之后、类定义之前。

（2）import 语句可根据需要出现多次。

（3）可使用"import 包名.*;"来导入包中的所有类。

3. Java 中常用包

在 JDK 中，不同功能的类放在不同的包中，其中 Java 的核心类主要放在 java 包及其子包下，Java

扩展的大部分类都放在 javax 包及其子包下。下面列举 Java 中的常用包。

（1）java.lang：用于存放 Java 语言的核心类，如 String、Math、System 等。使用这个包下的类无须导入，系统会自动导入该包下的所有类。

（2）java.util：用于存放 Java 的一些工具类和集合类，如 Arays、List、Set 等。

（3）java.net：用于存放网络编程相关的类和接口。

（4）java.io：用于存放输入输出编程相关的类和接口。

（5）java.text：用于存放格式化相关的类。

（6）java.sql：用于存放 JDBC（Java DataBase Connectivity，Java 数据库互连）编程相关的类和接口。

5.2.3 访问控制权限

访问控制权限

Java 针对类、成员方法和成员变量提供了 4 种级别的访问控制权限，访问级别由小到大分别是 private、default、protected 和 public。

（1）private（私有的）：如果类的成员被 private 访问控制符修饰，则这个成员只能被其定义所在的类访问，其他类无法直接访问。

（2）default（默认）：如果一个类或类的成员不使用任何访问控制符修饰，则为默认访问控制级别，这个类或类的成员只能被本包中的类访问。

（3）protected（受保护的）：如果一个类的成员被 protected 访问控制符修饰，那么这个成员既能被同一包下的其他类访问，也能被不同包下该类的子类访问。

（4）public（公共的）：这是一个非常宽松的访问控制级别，如果一个类或者类的成员被 public 访问控制符修饰，那么这个类或类的成员能被所有类访问，不管访问类与被访问类是否在同一个包中。

4 种访问控制权限如表 5-1 所示。

表 5-1　访问控制权限

访问范围	private	default	protected	public
同一类中	✓	✓	✓	✓
同一包中		✓	✓	✓
子类中			✓	✓
全局范围				✓

5.2.4 封装

封装

封装是面向对象的三大特性之一。类由成员变量和成员方法构成，将这些成员封装在一个实体中，即类的封装。"强内聚，弱耦合"，这要求一个类的内部成员联系尽量紧密，而一个类与其他类之间的联系尽量松散，以增强程序的健壮性、稳定性。要实现这种"强内聚，弱耦合"，需要尽可能地把类的成员声明为私有的，只把少量、必要的方法声明为公有的提供给外部使用。

在 Java 中，通常情况下不允许外界直接访问对象的成员变量，因此在一个封装良好的类中，成员变量都应声明为私有的，然后为这些私有成员变量提供相应的 getXX() 和 setXX() 方法，这些方法应用 public 修饰，这样外界就可通过这些公共方法来获取或设置私有成员变量值。

【例 5-7】类的封装使用示例。

```java
class Student{
    private String name;
    private int age;

    public Student(String name, int age) {
        this.name = name;
        this.age = age;
    }

    public String getName() {
        return name;
    }

    public void setName(String name) {
        this.name = name;
    }

    public int getAge() {
        return age;
    }

    public void setAge(int age) {
        this.age = age;
    }

    public void info(){
        System.out.println("姓名：" + name + "\t 年龄：" + age );
    }
}

public class Ex507 {
    public static void main(String[ ] args) {
        System.out.println("----通过构造方法初始化成员变量---");
        Student stu = new Student("张芳", 23);
        stu.info();
        System.out.println("----通过 setXX()方法设置成员变量---");
        stu.setName("张小芳");
        stu.setAge(20);
        stu.info();
        System.out.println("----通过 getXX()方法获取成员变量----");
        System.out.println("姓名：" + stu.getName() + "\t 年龄：" + stu.getAge());
    }
}
```

【运行结果】

----通过构造方法初始化成员变量---
姓名：张芳 年龄：23

----通过 setXX()方法设置成员变量---
姓名：张小芳　　年龄：20
----通过 getXX()方法获取成员变量----
姓名：张小芳　　年龄：20

5.2.5　继承

继承

继承实际上是面向对象程序设计中两个类之间的一种关系。当一个类 A 能够获取另一个类 B 中的所有非私有成员作为自己的部分或全部成员时，称这两个类之间有继承关系。

继承是为代码复用和设计复用设计的，是面向对象程序设计的重要特性之一。利用现有类派生出新类的过程就称为继承。新类既拥有原有类的特性，又拥有自身新的特性。设计一个新类时，如果可以继承一个已有的、设计良好的类，然后进行二次开发，则无疑会大幅度减少开发工作量。

在继承关系中，已有的、设计好的类称为父类或基类，新设计的类称为子类或派生类。

继承分为单继承和多继承，单继承是指一个子类只能有一个父类，多继承是指一个子类可以有若干个父类。Java 只支持单继承，不支持多继承。

1．继承使用格式

继承的实现是在定义子类时在子类名后面加上关键字 extends，在 extends 后面加上要继承的父类名，具体使用格式如下。

```
[修饰符] class 子类名 extends 父类名{
    类成员定义;
}
```

说明如下。

（1）父类必须是一个已经定义好的类。

（2）子类只能继承父类中的非私有成员。

【例 5-8】继承使用示例。

```
//父类
class Person{
    static String country = "中国";
    String name ;

    public void info(){
        System.out.print("国籍: " + country);
        System.out.println("\t 姓名: " + name);
    }
}

//子类
class Student extends Person{
    static String school = "清华大学";

    public void study(){
        System.out.println("我在" + school + "学习！ ");
```

```
        }
    }

public class Ex508 {
    public static void main(String[ ] args) {
        System.out.println("---------父类---------");
        Person person = new Person();        //实例化一个父类对象
        person.name = "刘敏";
        person.info();
        System.out.println("---------子类---------");
        Student student = new Student();        //实例化一个子类对象
        student.name = "王芳";
        student.info();
        student.study();
    }
}
```

【运行结果】

```
---------父类---------
国籍：中国 姓名：刘敏
---------子类---------
国籍：中国 姓名：王芳
我在清华大学学习!
```

2. 重写父类方法

继承自父类的方法如果不能完全满足子类的需求，则子类可以根据需要对其进行修改，即子类重新改写父类的方法，简称方法重写。

方法重写

【例 5-9】方法重写使用示例。

```
//父类
class Person{
    static String country = "中国";
    String name ;

    public void info(){
        System.out.print("国籍：" + country);
        System.out.println("\t 姓名：" + name);
    }
}

//子类
class Student extends Person {
    static String school = "清华大学";

    public void study(){
        System.out.println("我在" + school + "学习！");
    }

    //方法重写
    public void info(){
```

```
            System.out.print("国籍: " + country);
            System.out.println("\t 姓名: " + name);
            System.out.println("学校: " + school);
        }
    }

public class Ex509 {
    public static void main(String[] args) {
        System.out.println("----------父类----------");
        Person person = new Person();        //实例化一个父类对象
        person.name = "刘敏";
        person.info();
        System.out.println("----------子类----------");
        Student student = new Student();     //实例化一个子类对象
        student.name = "王芳";
        student.info();
        student.study();
    }
}
```

【运行结果】

```
----------父类----------
国籍: 中国 姓名: 刘敏
----------子类----------
国籍: 中国 姓名: 王芳
学校: 清华大学
我在清华大学学习!
```

> **提示** 子类重写的方法需要和父类被重写的方法具有相同的方法名、参数及返回值类型，而且不能使用比父类中被重写的方法更严格的访问控制权限。

3. super 关键字

super 关键字

在例 5-9 中子类 Student 重写父类方法 info()时，只是在原有父类方法的基础上添加新代码，显然没有必要再把父类中已有的代码重复书写，这时可利用关键字 super 调用父类方法，从而实现代码复用。在继承时，构造方法也可以重写，同样地，如果子类中要用到父类中的构造方法，则也可以通过 super 来调用。使用格式如下。

```
super.成员方法名([实参表]);        //通过 super 调用父成员方法
super([实参表]);                  //通过 super 调用父类构造方法
```

【例 5-10】super 关键字使用示例。

```
//父类
class Person {
    static String country = "中国";
    String name;

    public Person(String name) {
```

```java
        this.name = name;
    }

    public void info() {
        System.out.print("国籍: " + country);
        System.out.println("\t 姓名: " + name);
    }
}

//子类
class Student extends Person {
    static String school = "清华大学";
    String major;

    public Student(String name, String major) {
        super(name);                //利用 super 调用父类构造方法
        this.major = major;
    }

    public void study() {
        System.out.println("我在" + school + "学习！");
    }

    //方法重写
    public void info() {
        super.info();               //利用 super 调用父类成员方法
        System.out.print("学校: " + school);
        System.out.println("\t 专业: " + major);
    }
}

public class Ex510 {
    public static void main(String[ ] args) {
        System.out.println("---------父类---------");
        Person person = new Person("刘敏");             //实例化一个父类对象
        person.info();
        System.out.println("---------子类---------");
        Student student = new Student("王芳","计算机");       //实例化一个子类对象
        student.info();
        student.study();
    }
}
```

【运行结果】

```
---------父类---------
国籍: 中国 姓名: 刘敏
---------子类---------
国籍: 中国 姓名: 王芳
```

学校: 清华大学　专业: 计算机
我在清华大学学习!

> **提示**　（1）通过 super 调用父类构造方法的代码必须位于子类构造方法的第一行;
> 　　　　（2）如果没有指定构造方法, 则在实例化子类对象时, 默认调用父类的无参构造方法。

　　super 关键字除了用于调用父类方法外, 还可以通过它访问被隐藏的父类成员变量。在继承中, 子类可以定义和父类中相同的成员变量名, 此时父类中的同名成员变量会被隐藏, 即在子类中访问该成员变量时访问到的是子类中的成员变量, 而不是父类中的成员变量, 如果想访问父类中的成员变量, 就可通过 super 来访问。格式如下。

super.成员变量名

【例 5-11】利用 super 访问父类成员变量。

```java
//父类
class Student{
    String school = "清华大学";
}

//子类
class MiddleStudent extends Student{
    String school = "实验中学";

    public void info(){
        System.out.println("------子类中------");
        System.out.println("学校: " + school) ;          //访问的是子类中的 school
        System.out.println("------父类中------");
        System.out.println("学校: " + super.school);     //访问的是父类中的 school
    }
}
public class Ex511 {
    public static void main(String[] args) {
        MiddleStudent middleStudent = new MiddleStudent();
        middleStudent.info();
    }
}
```

【运行结果】

```
------子类中------
学校: 实验中学
------父类中------
学校: 清华大学
```

4. Object 类

Object 类

　　Java 提供了一个 Object 类, 它是所有类的父类, 即每个类都直接或间接继承自该类。Object 类通常被称为超类、基类或根类。定义一个类时, 如果没有使用 extends 关键字为这个类显式地指定父类, 那么该类会默认继承 Object 类。Object 类本身定义了一些方法, 其中常用的一个方法是 toString()方法, 该方法的作用是返回对象的字符串信息, 这个字符串信息包括类名和对象的哈希值, 形如

"Student@1b6d3586"。在实际开发中，可能不需要这样的对象信息，而希望能获得一些特定的信息，这时可通过重写 toString()方法来满足这种需求。

【例 5-12】toString()方法使用示例。

```
class Person{
}

class Student{
    public String toString(){
        return "我是一名学生";
    }
}

public class Ex512 {
    public static void main(String[ ] args) {
        Person person = new Person();
        System.out.println(person.toString());
        Student student = new Student();
        System.out.println(student);
    }
}
```

【运行结果】

Person@1b6d3586
我是一名学生

说明：在输出对象名时，系统会自动调用该对象的 toString()方法。

5. final 关键字

Java 中的 final 关键字可用于修饰类、变量和方法。

被 final 修饰的类称为最终类，该类不能被继承。如果不想让某个类被继承，就可以在定义该类时用 final 修饰。通常可将一些有固定作用、用来完成某种标准功能的类定义成 final 类，这样可避免该类被外界修改，从而增强程序的健壮性和稳定性。例如，Java 中常用的 System 类就是一个最终类。

final 关键字

被 final 修饰的方法称为最终方法，该方法不能被重写。如果不想让父类中定义的某个方法被子类重写，则可以用 final 修饰。最终类中的方法无须再用 final 修饰，因为最终类本身不能被继承，不会有子类，所以里面的方法也不会被重写。

被 final 修饰的变量（成员变量或局部变量）是常量，其值不允许改变。用 final 修饰成员变量时，要求在声明变量的同时必须给变量赋值；而用 final 修饰局部变量时，可以在声明变量的同时为其赋值，也可以先声明变量，再赋值（只允许赋值一次）。

6. 抽象类

在继承中，通过方法重写可实现父类同一方法在不同子类中有不同的实现方式，父类本身提供的这一方法的具体实现在各个子类中可能并不需要，这时父类无须给出该方法的具体实现，可将该方法定义成抽象方法。所谓抽象方法，就是只有方法声明而没有具体实现的方法。通过抽象方法可为各子类规定一个统一的标准，具体实现可由各子类自行定义。

抽象类

当一个类中包含抽象方法时，该类必须定义成一个抽象类。抽象方法和抽象类的定义使用 abstract

关键字，使用格式如下。

```
//定义抽象类
[修饰符] abstract class 类名{
    [修饰符] abstract 返回值类型 方法名([形参表]);    //定义抽象方法
    //其他成员定义
}
```

说明如下。

（1）包含抽象方法的类必须定义成抽象类。

（2）抽象类中可以不包含任何抽象方法。

（3）抽象类不可以被实例化。

（4）抽象类的子类必须为父类中的所有抽象方法提供具体实现才可以被实例化，否则它们也是抽象类。

【例 5-13】抽象方法和抽象类使用示例。

```
//抽象类
abstract class Student{
    public abstract void info();    //定义抽象方法
}

class MiddleStudent extends Student{
    //实现抽象方法
    public void info() {
        System.out.println("我是一名中学生");
    }
}

public class Ex513 {
    public static void main(String[ ] args) {
        MiddleStudent ms = new MiddleStudent();
        ms.info();
    }
}
```

【运行结果】

我是一名中学生

7. 接口

接口

　　如果一个抽象类的所有方法都是抽象的，则可以将这个类定义成接口。接口是一种特殊的抽象类。在接口中，除了可以有用 abstract 修饰的抽象方法，还可以有用 default 修饰的默认方法和用 static 修饰的静态方法（类方法）。默认方法和静态方法都要有方法体。

　　接口的定义不再使用 class 关键字，而使用 interface 关键字。接口定义格式如下。

```
[修饰符] interface 接口名 [extends 父接口1, 父接口2, ...]{
    [public] [static] [final] 常量类型 常量名 = 常量值;
    [public] [abstract] 返回值类型 方法名([形参表]);
    [public] default 返回值类型 方法名([形参表]){
        //默认方法的方法体
    }
```

```
        [public] static 返回值类型 方法名([形参表]){
            //静态方法的方法体
        }
}
```

说明如下。

（1）接口修饰符可以是 public 或省略（省略时采用默认访问控制权限）。

（2）定义接口时，可以使用 extends 同时继承多个父接口。

（3）接口内部可定义多个常量和抽象方法。

（4）在接口内定义常量时，可以省略 "public static final" 修饰符，系统会默认添加。

（5）在接口内定义抽象方法时，可以省略 "public abstract" 修饰符，系统会默认添加。

（6）定义默认方法和静态方法时，可以省略 "public" 修饰符，系统会自动添加。

接口中可以包含 3 类方法：抽象方法、默认方法和静态方法。静态方法可以通过 "接口名.方法名" 的形式直接调用，抽象方法和默认方法需通过接口实现类的实例对象来调用。接口实现类就是实现了该接口的一个类，通过关键字 implements 实现接口，具体使用格式如下。

```
[修饰符] class 类名 [extends 父类名] [implements 接口1, 接口2, ...]{
...
}
```

说明如下。

（1）一个类可以在继承父类的同时实现多个接口。

（2）当既有继承又要实现接口时，需先继承后实现接口，即 extends 需位于 implements 之前。

（3）实现接口的类如果没有实现接口中的所有抽象方法，那么该类需定义成抽象类。

（4）接口中的抽象方法为公有的，因此接口实现类在实现方法时，需显式地使用 public 修饰符，否则会出现缩小方法访问控制权限的错误。

【例 5-14】接口使用示例。

```
//定义一个接口
interface Student{
    String COUNTRY = "中国";   //常量

    //静态方法
    static void msg(){
        System.out.println("我在" + COUNTRY + "学习！");
    }

    //默认方法
    default void study(String course){
        System.out.println("我在努力学习" + course + "!");
    }

    //抽象方法
    void info();
}

//接口实现类
class GraduateStudent implements Student{
```

```
        public void info() {
            System.out.println("我是一名大学生！");
        }
    }

    public class Ex514 {
        public static void main(String[] args) {
            System.out.println("-------静态方法-------");
            Student.msg();                              //通过接口直接调用静态方法
            GraduateStudent gs = new GraduateStudent(); //实例化对象
            System.out.println("-------默认方法-------");
            gs.study("计算机");                          //通过对象调用默认方法
            System.out.println("-------抽象方法-------");
            gs.info();                                  //通过对象调用抽象方法
            System.out.println("-------接口常量-------");
            System.out.println(Student.COUNTRY);        //通过接口访问常量
        }
    }
```

【运行结果】

```
-------静态方法-------
我在中国学习!
-------默认方法-------
我在努力学习计算机!
-------抽象方法-------
我是一名大学生!
-------接口常量-------
中国
```

　　一个接口可以继承自另一个接口，即接口与接口之间也可以有继承关系，接口的继承与类继承一样都使用 extends 关键字实现，所不同的是类继承只能是单继承，而接口的继承可以是多继承，即一个接口可以继承自多个接口。

接口的继承

　　【例 5-15】接口的继承使用示例。

```
interface Teacher{
    void teach();
}

interface Student{
    void study();
}

interface Person extends Teacher，Student{
    void run();
}

class Worker implements Person{
    public void teach() {
        System.out.println("教育是一个灵魂唤醒另一个灵魂！");
```

```
        }

    public void study() {
        System.out.println("书山有路勤为径，学海无涯苦作舟！");
    }

    public void run() {
        System.out.println("唯有健全之身体，方有健全之精神！");
    }
}

public class Ex515 {
    public static void main(String[] args) {
        Worker worker = new Worker();
        worker.teach();
        worker.study();
        worker.run();
    }
}
```

【运行结果】

教育是一个灵魂唤醒另一个灵魂！
书山有路勤为径，学海无涯苦作舟！
唯有健全之身体，方有健全之精神！

【例 5-16】在继承类的同时实现接口。

```
//接口
interface Study{
    void study();
}

//父类
class Person{
    void info(){
        System.out.println("我是中国人！");
    }
}
//子类（接口实现类，在继承类的同时实现接口）
class Student extends Person implements Study{
    public void study() {
        System.out.println("我在努力学习 Java!");
    }
}
public class Ex516 {
    public static void main(String[] args) {
        Student student = new Student();
        student.info();
        student.study();
    }
}
```

【运行结果】

我是中国人！
我在努力学习 Java!

提示 通常抽象类用于对事物的抽象，而接口用于对行为的抽象。

5.2.6 多态

多态

多态是面向对象程序设计的第三大特性。多态是指同一个方法的多种不同表现行为，即同一个方法可以有不同的实现方式。Java 中的多态主要体现在方法重载和方法重写上。通过方法重载和方法重写，一个方法可以实现不同的功能，做到一名多用，从而简化命名空间、方便编程，这是多态的主要作用。

方法重载指的是同一个类中可以存在多个同名方法，但要求每个方法的参数类型或参数个数至少有一项不同。在调用重载的方法时，系统会自动根据传递的参数类型或参数个数决定调用哪个方法。

方法重写指的是子类重新改写父类中的同名方法。在调用重写的方法时，除了可以用各子类对象调用，还可以统一用父类对象调用，此时会涉及对象类型的转换。

对象类型转换分为两种：向上转型和向下转型。

1. 向上转型

向上转型指的是可以把一个子类对象当作父类对象来引用，即在所有使用父类对象的地方，都可以用一个子类对象来代替该父类对象。将子类对象当作父类对象使用时不需要任何显式声明，系统会自动完成对象类型转换，但需要注意的是，此时无法通过父类变量调用子类特有的方法。

【例 5-17】向上转型应用示例。

```java
//父类
class Person{
    public void info(){
        System.out.println("我是中国人！");
    }
}


//子类
class Student extends Person{
    public void study(){
        System.out.println("我在努力学习！");
    }
}
public class Ex517 {
    public static void main(String[] args) {
        Person person = new Student();        //向上转型
        person.info();
        //person.study();                     //不能通过父类变量调用子类特有的方法
    }
}
```

【运行结果】

我是中国人！

在上述代码中，声明了一个 Person 类的变量 person，但为其赋的值是一个 Student 类对象，即将一个子类对象赋值给了父类引用变量，这时系统会自动向上转型，即将子类对象转换为父类对象，这类似于基本数据类型转换中的自动类型转换。因为子类对象被转换成父类对象，所以也就只能访问父类对象中的成员，而不能访问子类对象中的成员。

如果想通过父类对象 person 访问子类的成员，那么需要将该父类对象转换成子类对象，即向下转型。

2. 向下转型

向下转型需要显式声明，格式与强制类型转换相同。

在使用向下转型时要注意，必须将父类转换为本质子类才可以，否则会出现错误。

【例 5-18】向下转型应用示例。

```java
class Person{
    public void info(){
        System.out.println("我是中国人！");
    }
}

class Student extends Person{
    public void study(){
        System.out.println("我在努力学习！");
    }
}

class Teacher extends Person{
    public void teach(){
        System.out.println("我在努力教书！");
    }
}

public class Ex518 {
    public static void main(String[ ] args) {
        Person person = new Student();          //向上转型
        person.info();
        Student student = (Student) person;     //向下转型
        student.study();
        //Teacher teacher = (Teacher) person;   //向下转型时需转换为本质类型
        //teacher.teach();
    }
}
```

【运行结果】

我是中国人！
我在努力学习！

在上述代码中，Person 类是父类，Student 类和 Teacher 类是继承自 Person 类的子类。main()方法中实例化了一个 Student 类对象，并将其赋值给了 Person 类型的变量，即把子类对象 student 赋值给了父类引用变量 person，这是向上转型。

代码 Student student = (Student)person;的作用是向下转型，即将父类引用变量 person 转换成 Student 类型。因为父类引用变量 person 所指的对象本身就是 Student 类型的对象，所以这种向下转型能成功，但如果要把父类引用变量 person 转换成 Teacher 类型的对象，则不能成功转换，因为父类引用变量 person 所指的对象本身是 Student 类型的对象，不是 Teacher 类型的对象，所以在转换时会出错。

5.2.7　内部类

在 Java 中，允许在一个类的内部定义类，这样的类称作内部类，这个内部类所在的类称作外部类。根据内部类的位置、修饰符和定义方式的不同，内部类可分为成员内部类、局部内部类、静态内部类和匿名内部类 4 种。

成员内部类

1. 成员内部类

在一个类中，除了可以定义成员变量和成员方法，还可以定义类，这样的类称为成员内部类。在成员内部类中，可以访问外部类的所有成员，包括成员变量和成员方法；在外部类中，同样可以访问内部类的成员变量和成员方法。

【例 5-19】成员内部类使用示例。

```java
//外部类
class Student{
    String name = "王芳";   //外部类成员变量

    //外部类成员方法1
    void show(){
        System.out.println("我在努力学习!");
    }

    //成员内部类
    class Course{
        String courseName = "Java 程序设计";          //内部类成员变量

        //内部类成员方法1
        void info(){
            System.out.println("学生姓名: " + name);   //访问外部类成员变量
            System.out.println("课程名称: " + courseName);
            show();       //调用外部类成员方法
        }

        //内部类成员方法2
        void courseInfo(){
            System.out.println("Java 是面向对象编程语言! ");
        }
    }

    //外部类成员方法2
    void showInfo(){
```

```
        Course course = new Course();
        //访问内部类成员变量
        System.out.println(name + "在努力学习" + course.courseName + "!");
        course.courseInfo();    //调用内部类成员方法
    }
}

public class Ex519 {
    public static void main(String[] args) {
        System.out.println("----测试外部类访问内部类成员变量和方法----");
        Student student = new Student();
        student.showInfo();
        System.out.println("----测试内部类访问外部类成员变量和方法----");
        Student.Course course = student.new Course();
        course.info();
    }
}
```

【运行结果】

```
----测试外部类访问内部类成员变量和方法----
王芳在努力学习 Java 程序设计!
Java 是面向对象编程语言!
----测试内部类访问外部类成员变量和方法----
学生姓名：王芳
课程名称：Java 程序设计
我在努力学习!
```

从运行结果可以看出，成员内部类可以访问外部类的所有成员，同时外部类也可以访问成员内部类的所有成员。

创建内部类对象的具体格式：

```
外部类名.内部类名 变量名 = 外部类对象名.new 内部类名();          //格式 1
外部类名.内部类名 变量名 = new 外部类名().new 内部类名();         //格式 2
```

如上述代码中的代码：

```
Student.Course course = student.new Course();
```

也可以在实例化外部对象的同时创建内部对象，即上述代码可改为如下代码。

```
Student.Course course = new Student().new Course();
```

2. 局部内部类

局部内部类也叫作方法内部类，是在某个成员方法中定义的类，其有效范围只限于成员方法内部。局部内部类可以访问外部类的所有成员变量和方法，但局部内部类中的变量和方法只能在创建该局部内部类的方法中访问，即只有在包含局部内部类的方法中才可以访问该局部内部类的成员。

局部内部类

【例 5-20】局部内部类使用示例。

```
//外部类
class Student{
    String name = "王芳";    //外部类成员变量

    //外部类成员方法 1
```

```
        void show(){
            System.out.println("我在努力学习!");
        }

        //外部类成员方法2
        void showCourse(){
            //局部内部类
            class Course{
                String courseName = "Java 程序设计"; //内部类成员变量

                //内部类成员方法
                void courseInfo(){
                    System.out.println("课程名称： " + courseName);
                    System.out.println("学生姓名： " + name); //访问外部类成员变量
                    show();    //调用外部类成员方法
                }
            }

            //在创建局部内部类的方法中，访问局部内部类的成员变量和方法
            Course course = new Course();
            //访问内部类成员变量
            System.out.println(name + "在努力学习" + course.courseName + "!");
            course.courseInfo();    //调用内部类成员方法
        }
    }

public class Ex520 {
    public static void main(String[ ] args) {
        Student student = new Student();
        student.showCourse();
    }
}
```

【运行结果】

王芳在努力学习 Java 程序设计!
课程名称： Java 程序设计
学生姓名：王芳
我在努力学习!

3. 静态内部类

静态内部类

静态内部类是使用 static 关键字修饰的成员内部类，是一种特殊的成员内部类。与普通成员内部类相比，在形式上，静态内部类只是在内部类前增加了修饰符 static；但在功能上，静态内部类只能访问外部类的静态成员，同时通过外部类访问静态内部类成员时，可以不用实例化内部类对象直接通过内部类访问静态内部类成员。

创建静态内部类对象的格式：

外部类名.静态内部类名 变量名 = new 外部类名.静态内部类名();

【例 5-21】静态内部类使用示例。

//外部类

```java
class Student{
    String name = "王芳";                    //外部类成员变量
    static String school = "清华大学";        //外部类静态变量

    //外部类静态方法
    static void schoolInfo(){
        System.out.println("校训：自强不息，厚德载物!");
    }

    //静态内部类
    static class Course{
        String courseName = "Java 程序设计";      //内部类成员变量
        static String department = "计算机学院";   //内部类静态变量

        //内部类成员方法
        void courseInfo(){
            System.out.println("课程：" + courseName);
            System.out.println("学院：" + department);
            System.out.println("学校：" + school );        //访问外部类静态变量
            schoolInfo();                                   //调用外部类静态方法
        }

        //内部类静态方法
        static void info(){
            System.out.println("Java 是面向对象编程语言!");
        }
    }

    //外部类成员方法
    void showInfo(){
        System.out.println("姓名：" + name);
        //访问内部类静态变量
        System.out.println("课程所属学院：" + Course.department);
        Course.info();        //调用内部类静态方法
    }
}

public class Ex521 {
    public static void main(String[ ] args) {
        Student student = new Student();
        System.out.println("----外部类成员方法----");
        student.showInfo();
        Student.Course course = new Student.Course();
        System.out.println("----静态内部类成员方法----");
        course.courseInfo();
        System.out.println("----静态内部类静态方法----");
```

```
            Student.Course.info();
        }
    }
```

【运行结果】

----外部类成员方法----
姓名：王芳
课程所属学院：计算机学院
Java 是面向对象编程语言!
----静态内部类成员方法----
课程：Java 程序设计
学院：计算机学院
学校：清华大学
校训：自强不息，厚德载物!
----静态内部类静态方法----
Java 是面向对象编程语言!

4. 匿名内部类

匿名内部类

匿名内部类是一种没有名称的局部内部类，通常用于方法参数需要一个接口实现类对象的情况下。在调用包含接口类型参数的方法时，实际需要的是一个接口实现类对象，如例 5-22 所示。

【例 5-22】接口类型参数示例。

```
//接口
interface Person {
    void info();
}

//接口实现类
class Student implements Person {
    public void info() {
        System.out.println("我是一名学生！");
    }
}

public class Ex522 {
    public static void main(String[] args) {
        Person p = new Student();    //将接口实现类对象赋给接口变量（向上转型）
        personInfo(p);
    }

    //接口类型参数（实际需要的是一个实现了该接口的实现类的对象）
    public static void personInfo(Person p) {
        p.info();
    }
}
```

【运行结果】

我是一名学生!

在上述代码中定义了一个 personInfo(Person p)方法，该方法的参数是一个接口类型的参数，接口类型作形参时，在调用时，实参需要的是一个实现了该接口的实现类的对象，因此在上述代码中定义了一个接口实现类 Student，然后将 Student 类的一个对象作为参数传递给 personInfo()方法。代码"Person p = new Student(); personInfo(p);"也可直接用"personInfo(new Student());"代替。

通常情况下，为了简化代码，在调用包含接口类型参数的方法时，无须先定义一个接口的实现类，再创建该接口的实现类对象作为方法参数传入，而是直接通过匿名内部类的形式来实现。

【例 5-23】利用匿名内部类实现接口类型参数。

```java
//接口
interface Person{
    void info();
}


public class Ex523 {
    public static void main(String[ ] args) {
        personInfo(new Person(){
            public void info() {
                System.out.println("我是一名学生！");
            }
        });
    }

    public static void personInfo(Person p){
        p.info();
    }
}
```

【运行结果】

我是一名学生！

上述代码在调用 personInfo()方法时，直接给出了一个匿名内部类。匿名内部类的使用格式：

```
new 接口名|抽象类名(){
    //方法实现代码
}
```

对于方法参数是抽象类的情况，也可以采用匿名内部类来实现，以达到简化代码的目的。抽象类作为方法参数与接口作为方法参数类似，实际需要的都不是其自身，对抽象类来说，需要的是一个继承了该抽象类的子类对象，对接口而言，需要的是一个实现了该接口的接口类对象。因此匿名内部类本质上是一个继承了该类或者实现了该接口的子类匿名对象。

【例 5-24】利用匿名内部类实现抽象类类型参数。

```java
//抽象类
abstract class Person {
    abstract void info();
}


public class Ex524 {
    public static void main(String[ ] args) {
        personInfo(new Person() {
            void info() {
                System.out.println("我是一名学生！");
```

```
        }
    });
}

public static void personInfo(Person p) {
    p.info();
}
}
```

【运行结果】

我是一名学生!

5.2.8　Lambda 表达式

对于接口类型参数，采用匿名内部类可简化代码。对于那些只包含一个抽象方法的匿名内部类，还可以采用一种更简洁的表示方式，即 Lambda 表达式。

Lambda 表达式

1. Lambda 表达式简介

Lambda 表达式由 3 部分组成，分别为形参表、"->"和方法体，格式如下。

([形参表]) -> {方法体}

说明如下。

（1）形参表为以逗号分隔的多个形参，每个形参既可以采用"类型 参数"的形式声明，也可以省略类型，直接给出参数，系统会自动根据表达式主体进行校对和匹配。当只有一个参数时，圆括号可以省略。没有参数或有多个参数时，圆括号不能省略。

（2）方法体：用于实现抽象方法的方法体也称作 Lambda 表达式主体。方法体可以是一条简单语句，也可以是一个语句块，如果只有一条简单语句，则{ }可以省略。方法体中可以有返回值，当只有一条 return 语句时，return 关键字可以省略，直接写出要返回的表达式即可。

【例 5-25】Lambda 表达式使用示例。

```
//接口
interface Person{
    void info();
}

public class Ex525 {
    public static void main(String[ ] args) {
        personInfo(()-> System.out.println("我是一名学生！"));    //Lambda 表达式
    }

    public static void personInfo(Person p){
        p.info();
    }
}
```

【运行结果】

我是一名学生!

通过上述代码可以看到，Lambda 表达式写法比匿名内部类写法更加简洁、清晰。

2. 函数式接口

虽然 Lambda 表达式写法简洁，但无法完全取代匿名内部类，它只适用于有且仅有一个抽象方法的接口。因为 Lambda 表达式是基于函数式接口实现的，所谓函数式接口，是指有且仅有一个抽象方法的接口。

【例 5-26】函数式接口应用示例。

```
//无参、无返回值的函数式接口
interface Person{
    void info();
}

//有参、有返回值的函数式接口
interface Calculate{
    int sum(int a，int b);
}

public class Ex526 {
    public static void main(String[ ] args) {
        personInfo(()-> System.out.println("我是一名学生！"));        //使用 Lambda 表达式实现接口
        showSum(80，90，(x，y)-> x + y);                         //使用 Lambda 表达式实现接口
    }

    public static void personInfo(Person p){
        p.info();
    }

    public static void showSum(int x，int y, Calculate c){
        System.out.println(x + "+" + y + "=" + c.sum(x，y));
    }
}
```

【运行结果】

```
我是一名学生！
80+90=170
```

3. 方法引用

当 Lambda 表达式的主体只有一条语句时，在特定情况下，程序不仅可以省略包含主体的花括号，还可以通过 "：：" 的语法格式来引用方法，从而进一步简化 Lambda 表达式的书写。

方法引用

Lambda 表达式支持的方法引用形式如表 5-2 所示。

表 5-2　Lambda 表达式支持的方法引用形式

形式	Lambda 表达式示例	对应的引用示例
类名引用静态方法	(x,y,...) -> 类名.类静态方法名(x,y,...)	类名::类静态方法名
对象名引用方法	(x,y,...) -> 对象名.实例方法名(x,y,...)	对象名::实例方法名
构造器引用	(x,y,...) -> new 类名 (x,y,...)	类名::new
类名引用普通方法	(x,y,...)-> 对象名 x.类普通方法名(y,...)	类名::类普通方法名

（1）类名引用静态方法

类名引用静态方法就是通过类名对静态方法进行引用，该类可以是 Java 自带的类，也可以是自定义的普通类。

【例 5-27】类名引用静态方法示例。

```
//函数式接口
interface Calculate{
    int calc(int n);
}

//自定义类，类中包含一个静态方法，用于求绝对值
class MyMath{
    public static int abs(int n){
        return (n > 0)? n : -n;
    }
}

public class Ex527 {
    public static void main(String[ ] args) {
        //利用自定义的类实现求绝对值
        printAbs(-9, n -> MyMath.abs(n));    //使用 Lambda 表达式方式
        printAbs(-9, MyMath::abs);           //使用方法引用的方式
        //利用系统类 Math 实现求绝对值
        printAbs(-9, n -> Math.abs(n));      //使用 Lambda 表达式方式
        printAbs(-9, Math::abs);             //使用方法引用的方式
    }

    public static void printAbs(int n, Calculate c){
        System.out.println(c.calc(n));
    }
}
```

【运行结果】
```
9
9
9
9
```

从上述代码可以看出，通过 Lambda 表达式和类名引用静态方法的方式可以实现同样的功能，但使用类名引用静态方法会让程序更加简洁。

（2）对象名引用方法

对象名引用方法指的是通过实例对象的名称来对其方法进行引用。对于实例方法，需要通过实例化对象去调用。

【例 5-28】对象名引用方法示例。

```
//函数式接口
interface Calculate{
    int calc(int n);
}

//自定义类，类中包含一个成员方法，用于求绝对值
class MyMath{
    public    int abs(int n){
```

```
        return (n > 0)? n : -n;
    }
}
public class Ex528 {
    public static void main(String[] args) {
        MyMath mm = new MyMath();
        printAbs(-9, (n)->mm.abs(n));        //使用 Lambda 表达式方式
        printAbs(-9, mm::abs);               //使用方法引用的方式
    }

    public static void printAbs(int n, Calculate c){
        System.out.println(c.calc(n));
    }
}
```

【运行结果】

```
9
9
```

（3）构造器引用

构造器引用指的是对类自身的构造器（构造方法）进行引用。

【例 5-29】构造器引用示例。

```
//函数式接口
interface CircleBuilder{
    Circle builderCircle(double r);
}

//定义一个 Circle 类
class Circle{
    private double r;

    public Circle(double r){
        this.r = r;
    }

    public double getR() {
        return r;
    }
}

public class Ex529 {
    public static void main(String[] args) {
        printR(3, (r)-> new Circle(r));        //使用 Lambda 表达式方式
        printR(3, Circle::new);                //使用构造器引用的方式
    }

    public static void printR(double r, CircleBuilder cb){
        System.out.println(cb.builderCircle(r).getR());
    }
}
```

【运行结果】

```
3.0
3.0
```

（4）类名引用普通方法

类名引用普通方法指的是通过一个普通类的类名来引用其普通成员方法。

【例 5-30】类名引用普通方法示例。

```
//函数式接口
interface Calculate{
    void print(MyMath mm，int n);
}


//定义一个类，包含一个求绝对值的成员方法
class MyMath{
    public void abs(int n){
        System.out.println((n > 0)? n : -n);
    }
}

public class Ex530 {
    public static void main(String[] args) {
        printAbs(new MyMath()，-9，(mm, n)->mm.abs(n));    //利用 Lambda 表达式方式
        printAbs(new MyMath()，-9, MyMath::abs);           //利用方法引用的方式
    }

    public static void printAbs(MyMath mm, int n，Calculate c){
        c.print(mm，n);
    }
}
```

【运行结果】

```
9
9
```

5.3 任务实施

本任务要求采用面向对象程序设计方法完成学生基本信息管理子模块的主要功能：学生基本信息的添加、删除、修改和显示。

5.3.1 类的设计与实现

根据模型-视图-控制器（Model-View-Controller，MVC）的设计模式，在学生基本信息管理子模块中需要设计 3 个类：用作模型的 Student 类、实现业务逻辑控制的 StudentList 类和视图类 StudentView。

1. 模型类的设计与实现

每个学生的基本信息有学号、姓名、语文成绩、数学成绩和英语成绩等，设计 5 个成员变量用于存

放学号、姓名、语文成绩、数学成绩和英语成绩，然后为每个成员变量提供相应的 setXX()和 getXX()
方法。代码（Student.java）如下。

```java
public class Student {
    private String id;
    private String name;
    private int math;
    private int chinese;
    private int english;

    public Student(String id, String name, int math, int chinese, int english) {
        this.id = id;
        this.name = name;
        this.math = math;
        this.chinese = chinese;
        this.english = english;
    }

    public String getId() {
        return id;
    }

    public void setId(String id) {
        this.id = id;
    }

    public String getName() {
        return name;
    }

    public void setName(String name) {
        this.name = name;
    }

    public int getMath() {
        return math;
    }

    public void setMath(int math) {
        this.math = math;
    }

    public int getChinese() {
        return chinese;
    }

    public void setChinese(int chinese) {
```

```
            this.chinese = chinese;
        }

        public int getEnglish() {
            return english;
        }

        public void setEnglish(int english) {
            this.english = english;
        }
    }
```

2. 控制器类的设计与实现

在控制器类 StudentList 中需要实现系统业务逻辑，即记录的添加、删除、修改、获取等操作。要操作的记录有若干条，目前暂用数组来存放，数组长度是固定的，而要操作的记录数量是随时变化的，可在初始化时创建一个相对较大的数组，然后设置一个变量用于记录当前数组中实际保存的记录数。代码（StudentList.java）如下。

```
public class StudentList {
    private Student[ ] students;      //存放学生对象的数组
    private int total = 0;            //记录数组的实际长度

    //初始化一个数组用于存放学生记录（学生对象）
    public StudentList(int maxLength) {
        students = new Student[maxLength];
    }

    //添加记录
    public boolean addStudent(Student stu){
        if(total >= students.length){
            return false;
        }
        students[total++] = stu;
        return true;
    }

    //删除记录
    public boolean delStudent(int index){
        if(index < 0 || index >= total){
            return false;
        }
        for(int i = index ;i < total −1;i++){
            students[i] = students[i + 1];
        }
        students[−−total] = null;
        return true;
    }
```

```
//修改记录
public boolean modifyStudent(int index，Student stu){
    if(index < 0 || index >= total){
        return false;
    }
    students[index] = stu;
    return true;
}


//获取所有记录
public Student[ ] getAllStudents(){
    Student[ ] stus = new Student[total];
    for(int i = 0; i < total; i++){
        stus[i] = students[i];
    }
    return stus;
}
}
```

3. 视图类的设计与实现

视图类 StudentView 负责与用户交互，首先展示系统功能菜单供用户选择，当用户输入命令后调用相应的方法完成学生记录的添加、删除、修改和显示功能。

因为在视图类中需要与用户交互，接收用户从键盘输入的命令，所以首先导入所需的 Scanner 类，然后实例化控制器类。代码（StudentView.java）如下。

```
import java.util.Scanner;                              //导入 Scanner 类

public class StudentView {
    private StudentList studentList= new StudentList(200);   //实例化控制器类 StudentList
}
```

5.3.2 功能菜单显示

在 StudentView 类中添加一个显示功能菜单的方法 printMenu()，以提示用户可以进行的操作。代码如下。

```
public void printMenu(){
    System.out.println("-----学生基本信息管理-------");
    System.out.println("add: -----添加学生信息");
    System.out.println("delete: --删除学生信息");
    System.out.println("modify: --修改学生信息");
    System.out.println("show: ----显示学生信息");
    System.out.println("return: --返回");
    System.out.println("--------------------------");
}
```

5.3.3 学生信息添加

在 StudentView 类中定义一个用于添加学生信息的方法 add()。在该方法中，用户根据提示输入学生的学号、姓名、语文成绩、数学成绩和英语成绩。系统先将输入的学生信息封装到模型类 Student 中，然后调用控制器类 StudentList 的添加方法，将其添加到数组中。在添加学生信息时，为避免插入重复数据（在此仅以学号作为判断依据），可在添加前先判断用户输入的学号是否已经存在，只有不存在时才添加，如已经存在，则给出相应的提示信息。

在修改、删除学生信息时也需要判断学号是否存在，还需要根据学号找到其所在的索引，因此可将判断学号是否存在及根据学号找到其所在的索引抽象成一个单独的方法 find()。其代码如下。

```java
public int find(String id) {
    int k = -1;
    Student[ ] stus = studentList.getAllStudents();
    for (int i = 0; i < stus.length; i++) {
        if (id.equals(stus[i].getId())) {
            k = i;
            break;
        }
    }
    return k;
}
```

用于添加学生信息的 add()方法的代码如下。

```java
public void add() {
    Scanner sc = new Scanner(System.in);
    System.out.print("学号: ");
    String id = sc.next();
    int index = find(id);
    if (index != -1 ) {
        System.out.println("---该学生已存在---");
    } else {
        System.out.print("姓名: ");
        String name = sc.next();
        System.out.print("数学: ");
        int math = sc.nextInt();
        System.out.print("语文: ");
        int chinese = sc.nextInt();
        System.out.print("英语: ");
        int english = sc.nextInt();
        Student stu = new Student(id, name, math, chinese, english);
        boolean flag = studentList.addStudent(stu);
        if (flag) {
            System.out.println("---添加成功---");
        } else {
            System.out.println("---添加失败---");
        }
    }
}
```

5.3.4 学生信息删除

在 StudentView 类中添加一个用于删除学生信息的 delete()方法，该方法根据用户输入的学号从学生列表中将相应的记录删除。同样地，用户输入的学号可能存在，也可能不存在，在删除前先要判断，如果学号不存在，则给出相应的提示信息，如果学号存在，就调用 StudentList 类的删除方法将该学号对应的学生信息从数组中删除。delete()方法的代码如下。

```java
public void delete() {
    System.out.print("请输入要删除的学号：");
    Scanner sc = new Scanner(System.in);
    String id = sc.next();
    int index = find(id);
    if (index == -1) {
        System.out.println("---该学生不存在---");
        return;
    }
    boolean flag = studentList.delStudent(index);
    if (flag) {
        System.out.println("---删除成功---");
    } else {
        System.out.println("---删除失败---");
    }
}
```

5.3.5 学生信息修改

在 StudentView 类中添加一个用于修改学生信息的 modify()方法，该方法根据用户输入的学号修改相应的记录。首先判断用户输入的学号是否存在，如存在，则输入相应的内容修改信息；如不存在，则给出相应的提示信息。modify()方法的代码如下。

```java
public void modify() {
    System.out.print("请输入要修改的学号：");
    Scanner sc = new Scanner(System.in);
    String id = sc.next();
    int index = find(id);
    if (index == -1) {
        System.out.println("---该学生不存在---");
        return;
    }
    System.out.print("姓名：");
    String name = sc.next();
    System.out.print("数学：");
    int math = sc.nextInt();
    System.out.print("语文：");
    int chinese = sc.nextInt();
    System.out.print("英语：");
    int english = sc.nextInt();
```

```
        Student stu = new Student(id, name, math, chinese, english);
        boolean flag = studentList.modifyStudent(index, stu);
        if (flag) {
            System.out.println("---修改成功---");
        } else {
            System.out.println("---修改失败---");
        }
    }
```

5.3.6　学生信息显示

在 StudentView 类中添加一个用于显示学生信息的 show()方法，代码如下。

```
public void show() {
        System.out.println("------------------学生信息------------------");
        Student[ ] stus = studentList.getAllStudents();
        if (stus.length == 0) {
            System.out.println("尚没有学生记录...");
        } else {
            System.out.println("学号\t 姓名\t 数学\t 语文\t 英语");
            for (int i = 0; i < stus.length; i++) {
                System.out.println(stus[i].getId() + "\t"
                        + stus[i].getName() + "\t"
                        + stus[i].getMath() + "\t\t"
                        + stus[i].getChinese() + "\t\t"
                        + stus[i].getEnglish());
            }
        }
        System.out.println("--------------------------------------------");
    }
```

5.3.7　菜单功能处理

在 StudentView 类中添加一个菜单功能处理方法 process()，用于根据用户的输入调用相应的方法，
代码如下。

```
public void process() {
        printMenu();
        while (true) {
            Scanner sc = new Scanner(System.in);
            System.out.print("info>");
            String choice = sc.next();
            switch (choice) {
                case "add":    add(); break;
                case "modify":    modify(); break;
                case "delete":    delete(); break;
                case "show":    show(); break;
                case "return":    return;
```

```
            default:   System.out.println("输入错误!!!");
        }
    }
}
```

5.3.8　主方法

在 StudentView 类中添加主方法 main()，用于实例化一个 StudentView 对象，调用其 process() 方法，代码如下。

```
public static void main(String[ ] args) {
        StudentView sv = new StudentView();
        sv.process();
    }
```

5.3.9　系统测试

运行程序，测试系统各功能。

学生信息的添加和显示功能的测试结果如图 5-1 所示。

图 5-1　学生信息的添加和显示功能

学生信息的修改功能的测试结果如图 5-2 所示。

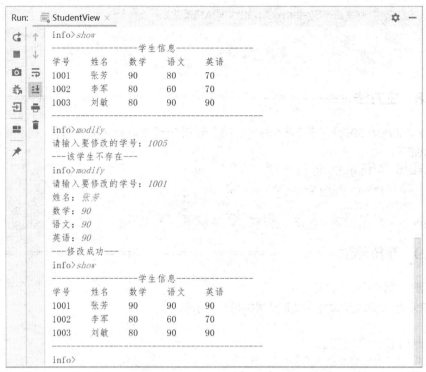

图 5-2　学生信息的修改功能

学生信息的删除功能的测试结果如图 5-3 所示。

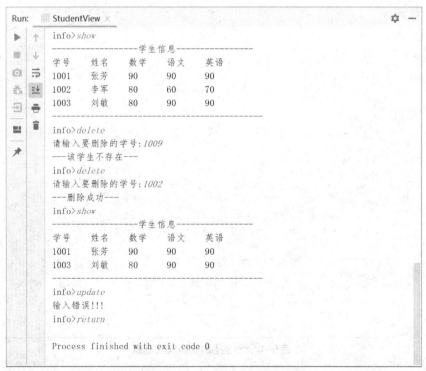

图 5-3　学生信息的删除功能

由以上程序运行结果可以看出，当用户输入相应的命令"add""delete""modify""show"时，系统能够正确完成学生信息的添加、删除、修改和显示功能，满足预期需求。

5.4　任务小结

通过本任务的实施，我们了解了面向对象程序设计的基本思想，掌握了类和对象的使用方法。强内聚、弱耦合，良好的封装和合理的访问控制权限能够让程序更加健壮；善用继承可有效提高代码的重用性，使程序更加简洁、易于维护；多态则可实现一名多用、一法多能，简化编程。深刻理解和掌握面向对象程序设计的基本思想和三大基本特性能够让我们在解决复杂问题时游刃有余。

5.5　练习题

一、填空题

1. 在 Java 中，针对类、成员方法和成员变量提供了 4 种访问控制权限，分别是_____、protected、default 和 private。

2. 要将类中的成员私有化，可使用_____关键字来修饰。

3. 被_____关键字修饰的成员变量可以被该类的所有实例对象共享。

4. 被_____关键字修饰的类不能被继承。

5. 被_____关键字修饰的类不能实例化对象。

二、判断题

1. 如果一个类中没有显式定义构造方法，则系统会自动为这个类提供一个默认构造方法。（　　）

2. 声明构造方法时，通常使用 private 关键字修饰。（　　）

3. static 关键字只能用来修饰成员方法，不能用来修饰成员变量。（　　）

4. 在静态方法中可以访问没有被 static 修饰的成员变量。（　　）

5. 抽象类中一定含有抽象方法。（　　）

三、选择题

1. 下面类的声明正确的是_____。
   A. public void HH { ... }
   B. public class Move() { ... }
   C. public class void number{...}
   D. public class Car { ... }

2. 被_____关键字修饰的变量只能在本类中访问。
   A. public　　　　　　B. protected　　　　C. private　　　　　D. default

3. 关于构造方法的描述不正确的是_____。
   A. 方法名必须和类名相同
   B. 方法名的前面没有返回值类型
   C. 在方法中可以使用 return 语句返回一个值
   D. 一个类中可以有若干个构造方法

4. 关于 super 关键字的说法错误的是_____。
   A. 通过 super 关键字可以调用父类的构造方法
   B. 通过 super 关键字可以调用父类的成员方法
   C. 通过 super 关键字可以调用父类的成员变量
   D. 同一构造方法中可以多次使用 super 关键字调用父类中不同的构造方法

5. 以下说法正确的是_____。

    A. 包含抽象方法的类不能直接实例化对象

    B. 用 abstract 修饰的类不能被继承

    C. 用 final 修饰的类可以有子类

    D. 一个类可以同时用 abstract 和 final 修饰

四、上机练习题

1. 设计一个圆类 Circle，其中有半径等属性及求周长和面积的方法。

2. 设计一个图书类 Book，其中有书号、书名、作者、出版社等属性和输出图书基本信息的方法。

3. 设计一个长方形类 Rectangle，其中有长和宽等属性及求周长和面积的方法。

4. 设计一个学生类 Student，其中有姓名、成绩等属性和判断成绩是否及格的方法（60 分以上及格），以及输出相应信息的方法。设计一个研究生类 GraduateStudent，其中有姓名、成绩、专业等属性和判断成绩是否及格的方法（70 分以上及格），以及输出相应信息的方法。

5. 分别利用抽象类和接口实现求不同图形（圆形、正方形）的周长和面积。

5.6 拓展实践项目——商品基本信息管理模块实现

【实践描述】

商品信息管理系统中的商品基本信息管理模块需要完成商品信息的添加、删除、修改和显示。

【实践要求】

编写程序实现商品信息的添加、删除、修改和显示功能。

任务6
系统异常处理（异常）

06

编写程序时错误的产生难以避免，为了使编写的程序更加健壮，具有更强的容错性，Java 中引入了异常处理机制。本部分内容将主要介绍 Java 中异常的分类、异常体系结构及异常处理机制。

教学与素养目标

- ➤ 考虑问题要全面，提高风险防范意识
- ➤ 了解异常的概念及异常的分类
- ➤ 理解异常体系结构及异常处理机制
- ➤ 掌握异常的处理方法

- ➤ 能够熟练使用异常处理结构
- ➤ 能够根据实际情况选用合适的异常处理方法
- ➤ 能够合理使用异常处理机制编写更健壮的程序

6.1 任务描述

学生信息管理系统中学生各门课的成绩采用百分制表示，合理的数据范围为 0~100。用户从键盘输入学生成绩时，可能会输入一些错误数据，如数据不在合理范围内或数据类型不符合要求。本任务主要完成用户输入的成绩数据不合法或数据类型不匹配等异常的处理，使程序不仅能够处理正确输入，对一些非法输入也能够正常处理，从而提高系统的健壮性。完成本任务需要了解和掌握 Java 中的异常处理机制和异常的处理方法。

6.2 技术准备

在编写程序时，错误的产生是难以避免的。引发错误的原因很多，如索引越界、要访问的文件不存在、类型错误等。如果这些错误得不到正确的处理，就会导致程序终止运行，通过异常处理可以避免此类情况发生，从而使程序更加健壮，具有更强的容错性。

6.2.1 异常简介

异常是指程序运行的过程中发生的非正常情况，如程序运行时要访问的文件不存在、接收的数据类型不匹配等。针对程序中的非正常情况，Java 中引入了异常，以异常类的形式对这些非正常情况进行封装，并通过异常处理机制对程序运行时发生的各种问题进行处理。

【例 6-1】被 0 除异常。

```
import java.util.Scanner;
```

```
public class Ex601 {
    public static void main(String[ ] args) {
        int x, y, z;
        Scanner sc = new Scanner(System.in);
        System.out.print("请输入被除数：");
        x = sc.nextInt();
        System.out.print("请输入除数：");
        y = sc.nextInt();
        z = x / y;
        System.out.println(z);
    }
}
```

运行结果如图 6-1 所示。

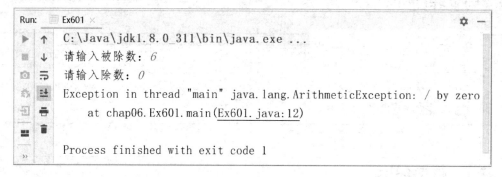

图6-1　例6-1程序运行结果

由运行结果可以看出，当用户输入的除数为 0 时，程序发生了异常。当程序发生异常时，会提示相应的异常信息，异常信息中包含有所引发的异常类、出错的主要原因及引发异常的代码位置。如 "java.lang.ArithmeticException： / by zero"表示所引发的异常类是 ArithmeticException，出错的主要原因是"by zero"（被 0 除）。

ArithmeticException 类只是 Java 异常类的一种，Java 针对不同异常情况提供了大量的异常类，这些类都继承自 java.lang.Throwable 类。Throwable 类的继承体系如图 6-2 所示。

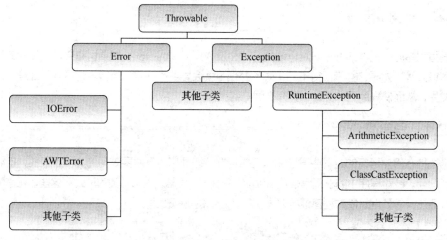

图6-2　Throwable 类的继承体系

Throwable 类有两个直接子类 Error 和 Exception。

Error 称为错误类，它表示 Java 运行时产生的系统内部错误或资源耗尽的错误，是比较严重的，仅靠修改程序本身是不能恢复执行的，如系统崩溃、磁盘读写错误等。

Exception 称为异常类，它表示程序本身可以处理的错误。在 Java 程序开发中进行的异常处理都是针对 Exception 类及其子类的。

Throwable 类提供了一些方法用于获取异常信息，如表 6-1 所示。

表 6-1　Throwable 类中获取异常信息的常用方法

方法声明	功能描述
String getMessage()	返回异常的消息字符串
void printStackTrace()	输出异常信息及异常出现的位置

6.2.2　异常的类型

异常分为两种类型：编译时异常和运行时异常。

编译时异常是指在程序编译时产生的异常，这些异常必须进行处理，这些异常也称为 checked 异常。

运行时异常是在程序运行时产生的，这种异常即使不编写异常处理代码，也可以通过编译，也称为 unchecked 异常。

1. 编译时异常

在 Exception 类的子类中，除了 RuntimeException 类及其子类，其他子类都是编译时异常类。

编译时异常的特点是在程序编写过程中，Java 编译器会对代码进行检查，如果出现比较明显的异常，就必须对异常进行处理，否则程序无法通过编译。

处理编译时异常的方式通常有两种：一是使用 try...catch 语句对异常进行捕获处理；二是使用 throws 关键字声明抛出异常，让调用者处理。

2. 运行时异常

RuntimeException 类及其子类都是运行时异常类。

运行时异常是在程序运行时由 JVM 自动进行捕获处理的，即使没有使用 try...catch 语句捕获异常或使用 throws 关键字声明抛出异常，程序也能通过编译，只是在运行过程中可能会报错。

Java 中常见的运行时异常类如表 6-2 所示。

表 6-2　常见的运行时异常类

异常类名称	异常类说明
ArithmeticException	算术异常
IndexOutOfBoundsException	索引越界异常
ClassCastException	类转换异常
NullPointerException	空指针异常
NumberFormatException	数字格式化异常

6.2.3　异常处理机制

Java 的异常处理机制由抛出异常和捕获异常两部分组成。

在程序运行过程中如果出现了异常，就会生成一个异常对象，异常对象包含异常类型和异常出现时的程序状态等异常信息。生成的异常对象将被传递给 Java 运行时系统，这一异常的产生和提交过程称为抛出异常。

当 Java 运行时系统得到一个异常对象时，它将寻找处理这一异常的方法。如果能找到处理这种异常的方法，就把当前异常对象交给此方法进行处理，这一过程称为捕获异常。如果找不到处理这种异常的方法，则运行时系统终止，相应的程序也终止。

6.2.4　异常处理方法

当程序发生异常时，为了保证程序能够有效地执行，需要对异常进行处理。

Java 中对异常的处理有两种方式：一是通过 try...catch 结构处理异常；二是将异常抛给上一层调用它的方法，由上一层方法进行异常处理或继续向上抛出异常。

1. try...catch 异常处理结构

利用 try...catch 结构处理异常，把可能发生异常的语句放在 try 子句中，把程序发生异常时要对异常进行的处理放在 catch 子句中，把无论是否发生异常都要执行的语句放在 finally 子句中。try...catch 结构的完整格式如下。

```
try {
      可能会发生异常的语句;
 } catch(异常类型 1 异常对象名 1){
      异常处理代码块 1;
  }catch(异常类型 2 异常对象名 2){
      异常处理代码块 2;
}
...
catch(异常类型 n 异常对象名 n){
    异常处理代码块 n;
} finally {
      无论是否发生异常都要执行的语句;
}
```

说明如下。

（1）在整个 try...catch 结构中，try 子句只能出现一次，catch 子句可根据需要出现一次或多次，finally 子句只能出现零次或一次。

（2）try 子句中包含的是可能会发生异常的语句。当 try 子句中的代码发生异常时，会抛出一个异常对象。该异常对象由相应的 catch 子句捕获并处理。catch 子句可以有多个，每一个 catch 子句捕获一个不同类型的异常，系统根据 catch 中的异常类型决定执行哪个 catch 中的语句块。

（3）finally 子句中的代码无论是否发生异常都会执行，通常用于进行一些清理工作，如文件关闭等。finally 子句不是必需的，可以省略。

【例 6-2】try...catch 使用示例。

```
import java.util.Scanner;
```

```
public class Ex602 {
    public static void main(String[ ] args) {
        int x, y, z;
        Scanner sc = new Scanner(System.in);
        System.out.print("请输入被除数: ");
        x = sc.nextInt();
        System.out.print("请输入除数: ");
        y = sc.nextInt();
        try {
            z = x / y;
            System.out.println(z);
        } catch (Exception e) {
            System.out.println("捕获的异常信息为: " + e.getMessage());
        }
    }
}
```

运行结果如图 6-3 所示。

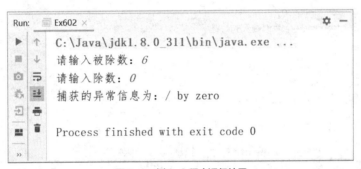

图 6-3　例 6-2 程序运行结果

由运行结果可以看出，当用户输入的除数为 0 时，程序抛出异常，其被 catch 语句捕获并进行了相应的处理。

当接收用户从键盘输入的数据时，要求用户输入的是整数，如果用户输入的不是整数，则也会引发相应的异常，如图 6-4 所示。

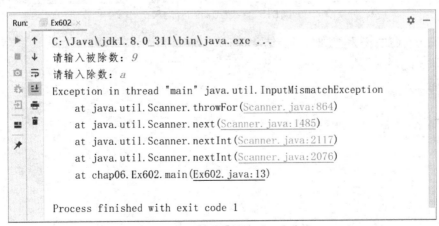

图 6-4　输入数据类型不相符引发的异常

在程序中可以通过多 catch 子句来捕获发生的不同类型异常。

【例 6-3】多 catch 子句使用示例。

```java
import java.util.Scanner;

public class Ex603 {
    public static void main(String[] args) {
        int x, y, z;
        try {
            Scanner sc = new Scanner(System.in);
            System.out.print("请输入被除数：");
            x = sc.nextInt();
            System.out.print("请输入除数：");
            y = sc.nextInt();
            z = x / y;
            System.out.println(z);
        } catch (ArithmeticException e) {
            System.out.println("除数不能为 0!");
        } catch (Exception e){
            System.out.println("输入的数据不是整数！");
        }
    }
}
```

当用户输入的除数为 0 时，运行结果如图 6-5 所示。

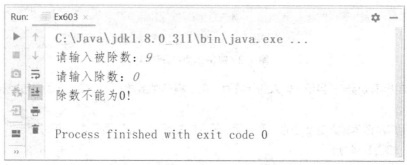

图 6-5　除数为 0 时的运行结果

当用户输入的数据不是整数时，运行结果如图 6-6 所示。

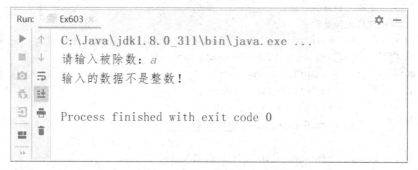

图 6-6　输入数据不是整数时的运行结果

【例 6-4】try...catch...finally 使用示例。

```java
import java.util.Scanner;

public class Ex604 {
    public static void main(String[] args) {
        int x, y, z;
        try {
            Scanner sc = new Scanner(System.in);
            System.out.print("请输入被除数: ");
            x = sc.nextInt();
            System.out.print("请输入除数: ");
            y = sc.nextInt();
            z = x / y;
            System.out.println(z);
        } catch (Exception e) {
            System.out.println("输入错误! ");
        } finally {
            System.out.println("the end!");
        }
    }
}
```

运行程序，当用户输入数据合法时，运行结果如图 6-7 所示；当用户输入数据不合法时，运行结果如图 6-8 所示。由运行结果可以看出，无论是否发生异常，finally 中的代码都被执行了。

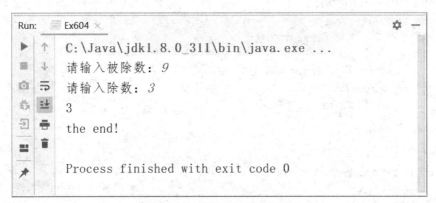

图 6-7 输入数据合法时的运行结果

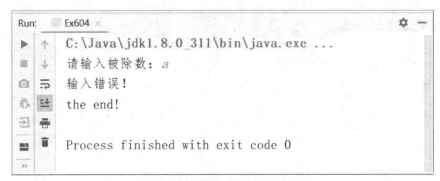

图 6-8 输入数据不合法时的运行结果

121

2. 抛出异常

有些时候，可能并不明确是否会发生异常或暂时不需要处理异常，这时可采用异常处理的另外一种方式，即抛出异常。将出现的异常向它的上一层方法抛出，由上一层方法在使用时进行异常处理或继续将其向上抛出。

抛出异常

抛出异常使用 throws 关键字来实现，throws 关键字放在要抛出异常的方法名称后面，可一次抛出一种类型的异常，也可一次抛出多种类型的异常。其格式如下。

```
[修饰符] 返回值类型 方法名([形参表]) throws 异常类 1, 异常类 2, ...{
    方法体语句;
}
```

当在一个方法中使用 throws 抛出异常后，在调用该方法的方法中就需要对异常进行处理：要么使用 try...catch 进行异常捕获处理，要么继续往上抛出。如果不进行处理，则会发生编译错误，提示有未处理的异常，如图 6-9 所示。

```
3  ▶  public class Ex605 {
4  ▶      public static void main(String[] args) {
5              System.out.println(divide( x: 4, y: 0));
                    Unhandled exception: java.lang.Exception
6
                    Add exception to method signature  Alt+Shift+Enter   More actions...  Alt+Enter
7
8          public static int divide(int x, int y) throws Exception{
9              return x / y;
10         }
11  }
```

图 6-9　未处理的异常

【例 6-5】throws 使用示例。

```
public class Ex605 {
    public static void main(String[ ] args) {
        try {
            System.out.println(divide(4，0));
        } catch (Exception e) {
            e.printStackTrace();
        }
    }

    public static int divide(int x, int y) throws Exception{
        return x / y;
    }
}
```

运行结果如图 6-10 所示。

```
Run:   Ex605 ×
▶  ↑   C:\Java\jdk1.8.0_311\bin\java.exe ...
   ↓   java.lang.ArithmeticException: / by zero
           at chap06.Ex605.divide(Ex605.java:13)
           at chap06.Ex605.main(Ex605.java:6)

       Process finished with exit code 0
```

图 6-10　例 6-5 程序运行结果

上述程序中的 divide() 方法使用 throws 抛出了异常，在 divide() 的上一层方法即它的调用方法 main() 中利用 try...catch 对异常进行了捕获处理，通过运行结果可以看到，当除数为 0 时，能够正常处理。

> **提示**　上述程序出现异常时使用的是 **printStackTrace()** 方法来输出提示信息，此信息与发生异常时出现的提示信息是相同的，很多人会误认为又发生了异常，其实不是。程序到底是因为异常终止的还是正常结束的，关键看下面的程序结束码，如果为 0，就表明程序是正常结束的；如果为 1，则表明程序是异常终止的。

当在调用有抛出异常的方法时，除了可以在调用方法中直接使用 try...catch 进行异常处理，也可以继续使用 throws 向上抛出，这样程序也能通过编译。但需要注意的是，程序发生了异常终究是要处理的，如果最终都没有处理，则程序还是会发生异常，导致程序终止。

【例 6-6】未处理的 throws 异常示例。

```java
public class Ex606 {
    public static void main(String[ ] args) throws Exception {
        System.out.println(divide(4，0));
    }

    public static int divide(int x, int y) throws Exception{
        return x / y;
    }
}
```

在上述代码中，main() 方法在调用包含抛出异常的 divide() 方法时没有使用 try...catch 进行处理，而继续使用 throws 抛出异常，因为 main() 方法没有上层方法，即异常最终没有被处理，所以最终抛出了异常，程序终止。运行结果如图 6-11 所示。

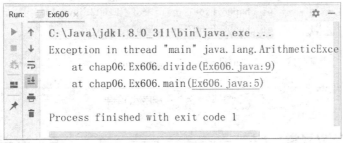

图 6-11　程序异常终止

3. throw 关键字

除了可以使用 throws 抛出异常，还可以使用 throw 抛出异常。两者的区别在于，throws 用在方法声明中，指明方法可能抛出的多个异常；而 throw 用在方法体内，其抛出的是一个异常类对象。通过 throw 关键字抛出异常后，还需要使用 throws 或 try...catch 来对抛出的异常进行处理。前面所讲的例子中发生的异常都是由系统自动产生的，如果想在方法中手动抛出异常对象，则可以通过 throw 来实现。

throw 关键字

使用 throw 抛出异常的格式：

```java
[修饰符] 返回值类型 方法名([形参表]) throws 异常类 1, 异常类 2, ...{
    throw new 异常类();
}
```

【例 6-7】throw 使用示例。

```java
public class Ex607 {
    public static void main(String[] args) {
        try {
            printScore(999);
        } catch (Exception e) {
            e.printStackTrace();
        }
    }

    public static void printScore(int score) throws Exception {
        if (score < 0 || score > 100){
            throw new Exception("成绩应为 0~100! ");
        }else{
            System.out.println("成绩为: " + score);
        }
    }
}
```

在上述代码中，printScore()方法对接收的参数 score 进行判断，当其不为 0～100 时，使用 throw 抛出异常，并指定异常提示信息，同时在该方法声明部分使用 throws 将异常向上抛出，然后在调用 printScore()的 main()方法中使用 try...catch 来对 throws 抛出的异常进行处理。运行结果如图 6-12 所示。

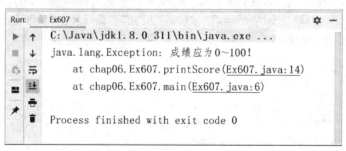

图6-12　例6-7程序运行结果

6.2.5　自定义异常

尽管 Java 中定义了大量的异常类，通过这些异常类可以解决编程中出现的大部分异常情况，但系统不可能把实际编程中的所有异常情况都考虑到，可能会出现异常类中不存在的一些异常情况，这时可以自定义异常。自定义异常，首先需要定义一个自定义异常类，该类需继承自 Exception 类或其子类，接下来在方法中使用 throw 抛出自定义的异常类对象，然后对抛出的异常进行处理（使用 try...catch 或使用 throws 继续向上抛出）。

在实际开发中，如果没有特殊的要求，则自定义的异常类只需继承 Exception 类，在构造方法中使用 super 调用父类 Exception 的无参和有参构造方法即可。

【例 6-8】自定义异常类使用示例。

//自定义一个异常类

```
class ScoreException extends Exception{
    public ScoreException() {
        super();              //调用父类 Exception 的无参构造方法
    }

    public ScoreException(String message) {
        super(message);   //调用父类 Exception 的有参构造方法
    }
}

public class Ex608 {
    public static void main(String[ ] args) {
        try {
            printScore(999);
        } catch (ScoreException e) {
            e.printStackTrace();
        }
    }

    public static void printScore(int score) throws ScoreException {
        if (score < 0 || score > 100){
            throw new ScoreException("成绩应为 0 ~ 100！"); //抛出自定义异常类对象
        }else{
            System.out.println(score);
        }
    }
}
```

在上述程序中，首先定义了一个自定义异常类 ScoreException，然后在方法 printScore()中对参数 score 进行判断，当 score 不为 0 ~ 100 时，用 throw 抛出了自定义异常类对象，并用 throws 将异常继续向上抛出，最后在调用 printScore()的 main()方法中用 try...catch 对该异常进行处理。运行结果如图 6-13 所示。由运行结果可以看到，成绩 999 不在合法范围内，所以抛出了相应的异常提示信息。

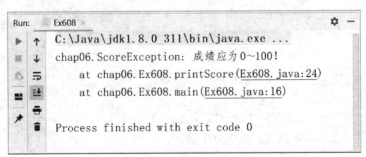

图 6-13　成绩不合法时的运行结果

如果把 main()方法中 printScore(999);中的 999 改为 99，则成绩在合法范围内，会正常输出其成绩，输出结果如图 6-14 所示。

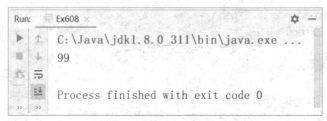

图6-14　成绩合法时的运行结果

6.3　任务实施

学生信息管理系统中学生的各科成绩都采用百分制表示，且都为整数。本任务需要在学生基本信息管理子模块中添加相应的成绩异常处理，保证用户输入的各科成绩为0～100。

6.3.1　成绩异常处理

在任务 5 中实现的 StudentView 类中添加一个 enterScore()方法，此方法用于接收用户从键盘输入的一个数据，如果数据是整数且为0～100，则返回用户的数据；如果用户输入的数据不为0～100 或不是整数，则给出相应的提示信息，让用户重新输入，直到用户输入数据合法为止，这样就保证了接收的成绩为0～100。代码如下。

```
private int enterScore(String msg){
        int score;
        while (true){
            try{
                System.out.print(msg);
                Scanner sc = new Scanner(System.in);
                score = sc.nextInt();
                if (score >= 0 && score <= 100){
                    break;
                }else{
                    System.out.println("输入错误，成绩应为0～100 ");
                }
            }catch (Exception e){
                System.out.println("输入错误，成绩应为0～100 ");
            }
        }
        return score;
    }
```

然后将 StudentView 类中原来的 add()和 modify()方法分别做相应的修改，输入各科成绩时利用enterScore()方法实现，以保证输入的成绩为0～100。

修改后的 add()方法代码如下。

```
public void add(){
        Scanner sc = new Scanner(System.in);
        System.out.print("学号: ");
        String id = sc.next();
        int index = find(id);
```

```
if(index != -1){
    System.out.println("---该学生已存在---");
}else {
    System.out.print("姓名: ");
    String name = sc.next();
    int math = enterScore("数学: ");
    int chinese = enterScore("语文: ");
    int english = enterScore("英语: ");
    Student stu = new Student(id, name, math, chinese, english);
    boolean flag = studentList.addStudent(stu);
    if (flag) {
        System.out.println("---添加成功---");
    } else {
        System.out.println("---添加失败---");
    }
}
}
```

修改后的 modify()方法代码如下。

```
public void modify(){
    System.out.print("请输入要修改的学号: ");
    Scanner sc = new Scanner(System.in);
    String id = sc.next();
    int index = find(id);
    if (index == -1){
        System.out.println("---该学生不存在---");
        return;
    }
    System.out.print("姓名: ");
    String name = sc.next();
    int math = enterScore("数学: ");
    int chinese = enterScore("语文: ");
    int english = enterScore("英语: ");
    Student stu = new Student(id, name, math, chinese, english);
    boolean flag = studentList.modifyStudent(index, stu);
    if(flag){
        System.out.println("---修改成功---");
    }else{
        System.out.println("---修改失败---");
    }
}
```

6.3.2 系统测试

　　运行程序，测试系统在添加学生信息和修改学生信息时能否保证用户输入的成绩为 0～100。添加学生信息的运行结果如图 6-15 所示，修改学生信息的运行结果如图 6-16 所示。由运行结果可以看出，不论是添加学生信息还是修改学生信息，当成绩输入非法时，都能够给出相应的提示，要求用户重新输入，直到用户输入合法数据为止，从而保证输入成绩为 0～100。

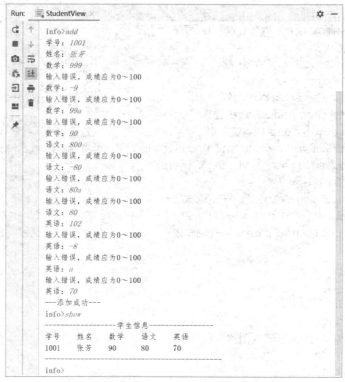

图 6-15　添加学生信息

图 6-16　修改学生信息

6.4 任务小结

通过本任务的实施，我们了解了什么是异常、异常的类型及异常处理机制，掌握了各种异常处理方法的使用。天有不测风云，人有旦夕祸福。平时准备得越充分，应对风险能力就越强。编写程序也是一样的，要充分考虑各种异常情况，进行相应处理，以提高程序的健壮性，提升用户使用体验。

6.5 练习题

一. 填空题

1. Java 中的异常类都继承自_____类。
2. 在异常处理结构 try...catch 中，通常把可能会发生异常的语句放在_____子句中。
3. 在异常处理结构 try...catch...finally 中，_____子句可以根据需要出现多次。
4. 要在方法体中抛出一个异常类对象，应使用关键字_____。
5. 要在方法声明后面抛出多个异常，应使用关键字_____。

二、判断题

1. 在 try...catch...finally 结构中，如果 try 子句中的代码引发了异常，则执行 finally 子句中的代码。
（　　　）

2. 在异常处理结构 try...catch...finally 中，无论是否发生异常，finally 子句中的代码总是会执行。
（　　　）

3. 运行时异常类即使在程序中不进行任何处理，程序也可以正常通过编译。（　　　）
4. Exception 类的所有子类都是编译时异常类。（　　　）
5. 通过 throws 可以一次性抛出多种类型的异常。（　　　）

三、选择题

1. 以下关于异常的叙述正确的是_____。
   A. 数组索引越界属于编译时异常
   B. 数组索引越界异常在程序中必须进行处理，否则程序无法通过编译
   C. 数组索引越界属于运行时异常
   D. 编译时异常类和运行时异常类都是 Error 类的子类

2. 以下关于异常的叙述错误的是_____。
   A. 编译时异常必须进行处理，否则程序无法通过编译
   B. 运行时异常必须进行处理，否则程序无法通过编译
   C. 编译时异常类和运行时异常类都是 Exception 类的子类
   D. 所有异常类都继承自 Throwable 类

3. 下列叙述正确的是_____。
   A. 通过 throw 只能抛出系统已有的异常类对象，不能抛出用户自定义异常类对象
   B. 关键字 throws 用于在方法体内抛出一个异常类对象
   C. Error 类是 Exception 类的一个子类
   D. Exception 类表示的程序本身可以处理的异常

4. 下面程序段的输出结果是_____。

```
try{
```

```
        System.out.println(5 / 4);
    }catch(Exception e){
        System.out.println("error");
    }
```

    A. 1.25   B. 1   C. error   D. 1.0

5. 下列程序段的输出结果是_____。

```
try{
        System.out.println(5 / 0);
    }catch(Exception e){
        System.out.println("error");
    }
```

    A. 0   B. 5   C. by zero   D. error

四、上机练习题

1. 从键盘输入一个人的年龄，判断其是否是未成年人（小于 18 岁）。要求用户输入的数据不是整数或不在[1,130]时给出相应的错误提示信息，并要求用户重新输入，直至输入正确为止。

2. 编写方法 divide(int x，int y)，其中 x 为被除数，y 为除数。调用该方法求两个整数的商，当除数为 0 时，输出"除数不能为 0！"的提示信息，若没有异常，则输出计算结果。

6.6 拓展实践项目——销量异常处理

【实践描述】

在输入商品数据时，用户可能会输入一些不合法的数据，如销量超出了正常范围、数据类型不匹配等，从而导致系统出现异常，造成程序终止。为了避免类似情况发生，需要对系统做相应的异常处理，以提高程序的健壮性。

【实践要求】

请为商品信息管理模块中的销量输入功能添加相应的异常处理机制，保证输入的商品销量为 0~1000。

任务7
查找功能实现
（Java常用类）

Java 语言的功能强大主要体现在其提供了大量功能完备的类库，这些类库为用户编写程序提供了极大的便利。本部分内容将主要介绍 String 类、StringBuffer 类及包装类的使用。

教学与素养目标

> 善于借助各类工具提高工作效率
> 了解 String 类与 StringBuffer 类的区别及适用场景
> 掌握 String 类、StringBuffer 类的常用方法
> 了解包装类的特点及用途

> 熟练掌握 String 类及 StringBuffer 类的基本操作方法
> 能够熟练使用 String 类及 StringBuffer 类解决实际问题
> 掌握包装类的使用方法

7.1 任务描述

学生基本信息管理模块中显示学生信息的功能只能显示所有学生信息，无法显示部分学生信息。有时可能只需要显示部分学生的信息，如显示所有姓张的学生的信息，或者显示姓名中包含"军"的学生的信息。因此，需要为学生基本信息管理模块添加一个查找功能，用于按指定的查找条件显示满足条件的学生信息。要完成本任务需要掌握 Java 中常用基础类 String 和 StringBuffer 等的使用方法。

7.2 技术准备

在实际开发中经常会用到字符串，需要对字符串进行各种操作，如字符串的查找、比较、取子字符串等。为方便使用，Java 中定义了 String 和 StringBuffer 两个类来封装字符串，并提供了一系列操作字符串的方法。这两个类都位于 java.lang 包中，可以直接使用。

7.2.1 String 类

在操作 String 类之前，首先需要对 String 类进行初始化。所谓 String 类初始化，实际上就是创建一个 String 类对象（字符串对象），然后为其赋初始值。

String
类的初始化

1. String 类的初始化

String 类的初始化有两种方式，一是直接赋值，二是通过构造方法。

（1）直接赋值

直接赋值就是把一个字符串常量直接赋值给一个 String 类对象。格式如下。

String 变量名 = 字符串内容;

如下代码都是通过直接赋值的方式初始化一个 String 类对象。

```
String s1 = null;        //初始化为 null
String s2 = "";          //初始化为空字符串
String s3 = "Hello";     //初始化为字符串 Hello
```

需要注意的是，String 是一个类，是一种引用数据类型，因此初始化为 null 和空字符串是不一样的。初始化为 null，表示此对象引用变量尚未指向任何具体对象；而初始化为空字符串，表示此对象引用变量已经指向了一个具体对象，只是此具体对象是一个空字符串。

（2）通过构造方法

可通过 String 类的构造方法来初始化一个 String 类对象。String 类有多个构造方法，常用构造方法如表 7-1 所示。

表 7-1　String 类常用构造方法

方法声明	功能描述
String()	创建一个内容为空的字符串
String(String value)	根据指定的字符串内容创建对象
String(char[ ] value)	根据指定的字符数组创建对象

【例 7-1】String 类初始化使用示例。

```java
public class Ex701 {
    public static void main(String[ ] args) {
        String s1 = null;                      //初始化为 null
        String s2 = "";                        //初始化为空字符串
        String s3 = "Hello";                   //初始化为字符串 Hello
        String s4 = new String();              //初始化为空字符串
        String s5 = new String("hello");       //利用字符串常量初始化
        String s6 = new String(new char[ ]{'a', 'b', 'c'});   //利用字符数组初始化
        System.out.println("s1=" + s1);
        System.out.println("s2=" + s2);
        System.out.println("s3=" + s3);
        System.out.println("s4=" + s4);
        System.out.println("s5=" + s5);
        System.out.println("s6=" + s6);
    }
}
```

运行结果如图 7-1 所示。

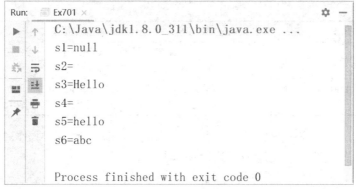

图 7-1　例 7-1 程序运行结果

通过运行结果可以看出，将字符串对象初始化为 null 和初始化为空字符串是不一样的。利用无参构造方法是初始化为空字符串，而不是初始化为 null。

 提示　String 类是 final 类型的，使用 String 关键字定义的字符串是一个常量，一旦创建，其内容和长度是不可改变的。

2. String 类常用方法

String 类提供了很多常用方法，如表 7-2 所示。

表 7-2　String 类常用方法

方法声明	功能描述
int indexOf(int ch)	返回指定字符在此字符串中第一次出现的索引，未出现返回-1
int lastIndexOf(int ch)	返回指定字符在此字符串中最后一次出现的索引，未出现返回-1
int indexOf(String str)	返回指定子字符串在此字符串中第一次出现的索引，未出现返回-1
int lastIndexOf(String str)	返回指定子字符串在此字符串中最后一次出现的索引，未出现返回-1
char charAt(int index)	返回字符串中指定位置上的字符，如下标越界则抛出异常
int length()	返回字符串的长度
boolean endsWith(String suffix)	判断此字符串是否以指定的字符串结尾
boolean startsWith(String prefix)	判断此字符串是否以指定的字符串开始
boolean equals(Object anObject)	将此字符串与指定的字符串比较
boolean contains(CharSequence cs)	判断此字符串中是否包含指定的字符序列
boolean isEmpty()	判断字符串是否为空字符串
String toLowerCase()	将 String 中的所有字符都转换为小写
String toUpperCase()	将 String 中的所有字符都转换为大写
char[ ] toCharArray()	将此字符串转换为一个字符数组
static String valueOf( )	将基本类型数据或字符数组转换为字符串
String replace(CharSequence oldstr, CharSequence newstr)	返回一个新的字符串，它是用 newstr 替换此字符串中出现的所有 oldstr 得到的
String trim()	去除字符串首尾空格

续表

方法声明	功能描述
String[ ] split(String regex，int limit)	将字符串按指定规则 regex 分割为若干个子字符串，如指定 limit（limit>0），则最多分割 limit-1 次
String substring(int beginIndex，int endIndex)	取子字符串，从指定位置开始取到指定位置结束（不包含结束位置）。结束位置可以省略，如没有指定结束位置，则表示取到字符串末尾

字符串的
基本操作

String 类的这些方法根据功能大体分为如下几类：基本操作、转换操作、替换和去空操作、判断操作、截取和分割操作。

（1）字符串的基本操作

字符串的基本操作主要有获取字符串长度、获取指定位置上的字符、返回字符或子字符串（简称子串）在字符串中出现的位置等操作。

【例 7-2】字符串的基本操作示例。

```java
public class Ex702 {
    public static void main(String[] args) {
        String s = "I love China.I love Java!";
        System.out.println("字符串内容为：" + s);
        System.out.println("字符串的长度为：" + s.length());
        System.out.println("字符串中第 4 个字符为：" + s.charAt(3));
        //System.out.println("字符串中第 40 个字符为：" + s.charAt(41)); //索引越界抛出异常
        System.out.println("字符串中字符 a 首次出现位置为：" + s.indexOf('a'));
        System.out.println("字符串中字符 w 首次出现位置为：" + s.indexOf('w'));
        System.out.println("字符串中字符 a 最后一次出现位置为：" + s.lastIndexOf('a'));
        System.out.println("字符串中字符 w 最后一次出现位置为：" + s.lastIndexOf('w'));
        System.out.println("字符串中子串 love 首次出现位置为：" + s.indexOf("love"));
        System.out.println("字符串中子串 Love 首次出现位置为：" + s.indexOf("Love"));
        System.out.println("字符串中子串 love 最后一次出现位置为：" + s.lastIndexOf("love"));
        System.out.println("字符串中子串 Love 最后一次出现位置为：" + s.lastIndexOf("Love"));
    }
}
```

运行结果如图 7-2 所示。

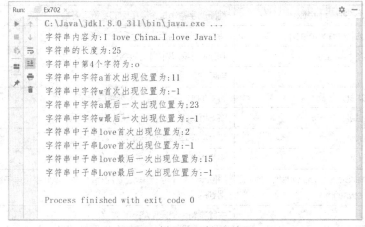

图 7-2　例 7-2 程序运行结果

（2）字符串的转换操作

字符串的转换操作主要包括大小写转换、基本数据类型数据或字符数组转换为字符串、字符串转换为字符数组等操作。

【例 7-3】字符串的转换操作示例。

```java
public class Ex703 {
    public static void main(String[] args) {
        String s = "Hello";
        System.out.println("转换前 s=" + s);
        System.out.println("字符串转为大写: " + s.toUpperCase());
        System.out.println("字符串转为小写: " + s.toLowerCase());
        System.out.println("转换后 s=" + s);
        System.out.println("整数转为字符串: " + String.valueOf(10));
        System.out.println("单精度数转为字符串: " + String.valueOf(10.34f));
        System.out.println("双精度数转为字符串: " + String.valueOf(10.34));
        System.out.println("布尔数据转为字符串: " + String.valueOf(true));
        System.out.println("字符数组转为字符串: " + String.valueOf(new char[]{'H', 'i'}));
        char[] charArr = s.toCharArray();
        System.out.print("字符串转为字符数组: ");
        for (char ch : charArr) {
            System.out.print(ch + " ");
        }
    }
}
```

运行结果如图 7-3 所示。

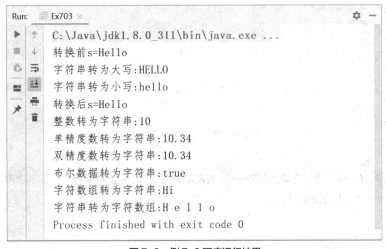

图 7-3　例 7-3 程序运行结果

说明：valueOf() 方法是静态方法，可直接用类名调用，即 String.valueOf()。

提示　字符串的转换操作是将转换后的结果放在一个新字符串中返回，原字符串并没有改变。

字符串的替换和
去空操作

（3）字符串的替换和去空操作

字符串的替换操作是指将字符串中的指定内容用另外的内容替代,利用 replace()方法实现；去空操作是指去除字符串两侧的空格,利用 trim()方法实现。利用字符串的替换和去空操作可对字符串内容进行相应的修改,修改后的内容作为新字符串返回,原字符串不会改变。在实际开发中,接收的用户输入包含一些错误输入或多余空格时,可以使用 replace()和 trim()方法做相应的处理。

【例 7-4】字符串的替换和去空操作示例。

```java
public class Ex704 {
    public static void main(String[] args) {
        String s = "  Hello, Java.  Hello, World!  ";
        System.out.println("替换前: " + s);
        System.out.println("替换后: " + s.replace("Hello", "Hi"));
        System.out.println("去空前: " + s);
        System.out.println("去空后: " + s.trim());
        System.out.println("原始字符串内容为: " + s);
    }
}
```

运行结果如图 7-4 所示。

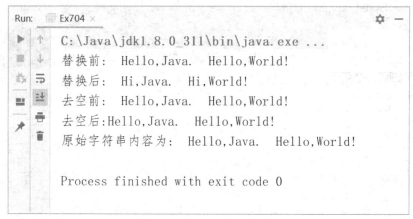

图 7-4　例 7-4 程序运行结果

提示　trim()方法只能去除字符串两侧的空格,并不能去除字符串中间的空格。去除字符串中间的空格可利用 replace()方法实现。

（4）字符串的判断操作

字符串的判断操作主要包括判断字符串是否以指定的子字符串开始或结束、是否包含指定的子字符串、字符串是否为空、字符串内容是否相同等操作。

【例 7-5】字符串的判断操作示例。

```java
public class Ex705 {
    public static void main(String[] args) {
        String s = "This is a test.";
```

字符串的判断
操作

```
            System.out.println(s + "是否以 th 开头: " + s.startsWith("th"));
            System.out.println(s + "是否以 Th 开头: " + s.startsWith("Th"));
            System.out.println(s + "是否以 test 结尾: " + s.endsWith("test"));
            System.out.println(s + "是否以 Test 结尾: " + s.endsWith("Test"));
            System.out.println(s + "中是否包含 is: " + s.contains("is") );
            System.out.println(s + "中是否包含 Th: " + s.contains("Th") );
            System.out.println(s + "是否为空: " + s.isEmpty() );
            System.out.println(s + "与 This is a test.是否相同: " + s.equals("This is a test."));
            System.out.println(s + "与 this is a test.是否相同: " + s.equals("this is a test."));
    }
}
```

运行结果如图 7-5 所示。

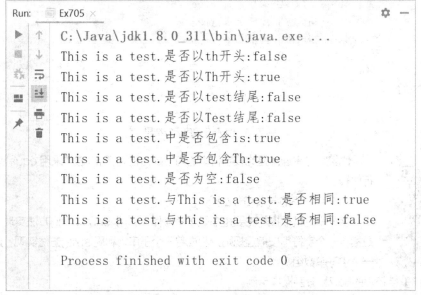

图 7-5　例 7-5 程序运行结果

 提示　对于字符串的比较，使用==与 equals()方法是有区别的，==用于比较两个字符串对象的引用地址是否相同，equals()方法用于比较两个字符串的值是否相同。

【例 7-6】字符串比较示例。

```
public class Ex706 {
    public static void main(String[ ] args) {
        String s1 = "Hello";
        String s2 = "Hello";
        String s3 = new String("Hello");
        String s4 = new String("Hello");
        System.out.println("s1==s2 的结果是: " + (s1 == s2));
        System.out.println("s3==s4 的结果是: " + (s3 == s4));
        System.out.println("s1==s3 的结果是: " + (s1 == s3));
        System.out.println("s1 equals s2 的结果是: " + s1.equals(s2));
```

137

```
        System.out.println("s1 equals s3 的结果是: " + s1.equals(s3));
        System.out.println("s3 equals s4 的结果是: " + s3.equals(s4));
        System.out.println("Hello"=="Hello");
    }
}
```

运行结果如图 7-6 所示。

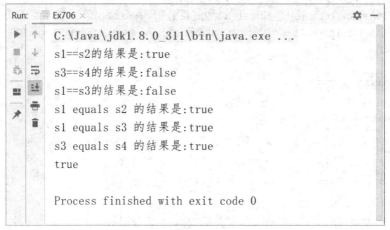

图 7-6　例 7-6 程序运行结果

比较字符串通常是比较字符串的内容是否相同，所以通常采用 equals()方法来进行比较。

（5）字符串的截取和分割操作

字符串的截取操作主要是指取子串操作，利用 substring()方法实现；分割操作是指将一个字符串按指定规则分割成若干个子串，利用 split()方法实现，返回结果是一个字符串数组。

【例 7-7】字符串的截取和分割操作示例。

```
public class Ex707 {
    public static void main(String[] args) {
        String s = "hello，java，hello，world";
        System.out.println("原字符串为: " + s);
        System.out.println("从第 7 个字符截取到最后: " + s.substring(6));
        System.out.println("从第 7 个字符截取到第 10 个字符: " + s.substring(6，10));
        String[] strArr1 = s.split("，");
        String[] strArr2 = s.split("，"，3);   //最多分割 2 次，即分割成 3 个子串
        System.out.println("按逗号全部分割，分割后的子串个数是: " + strArr1.length);
        System.out.println("按逗号分割 2 次，分割后的子串个数是: " + strArr2.length);
        System.out.print("按逗号全部分割后的结果是: ");
        for(String str: strArr1){
            System.out.print(str + " ");
        }
    }
}
```

运行结果如图 7-7 所示。

图 7-7　例 7-7 程序运行结果

 提示　在使用 substring()方法截取子串时，结束位置上的字符是不包括在内的；此外，如果给定的索引超出了合法范围，则会引发异常。

7.2.2　StringBuffer 类

String 类型的字符串是一个常量，一旦创建，其内容和长度都无法改变。为了满足对字符串修改的需求，Java 提供了 StringBuffer（字符串缓冲区）类来操作字符串。StringBuffer 类和 String 类最大的区别就在于 StringBuffer 的内容和长度都是可以改变的。StringBuffer 相当于一个字符容器，可以往里面任意添加或删除字符。StringBuffer 类主要用于修改字符串内容，其常用方法如表 7-3 所示。

StringBuffer 类

表 7-3　StringBuffer 类常用方法

方法声明	功能描述
StringBuffer append(String str)	在尾部添加内容
StringBuffer insert(int offset，String str)	在指定位置插入字符串 str
StringBuffer deleteCharAt(int index)	删除指定位置上的字符
StringBuffer delete(int start，int end)	删除指定范围内的字符串
StringBuffer replace(int start，int end，String s)	将指定范围内的字符或字符串用新的字符串 s 替换
void setCharAt(int index，char ch)	修改指定位置上的字符
String toString()	转换成字符串
StringBuffer reverse()	将其内容反转

说明如下。

（1）在操作 String 类和 StringBuffer 类时用到的区间通常都是起始值包括在内，结束值不包括在内的，即一个左闭右开的区间，形如[起始值，结束值)。

（2）append()方法是一个重载方法，参数可以是字符、数值型数据、布尔型数据、字符串或字符数组等。

（3）insert()方法中插入位置的合法范围为 0~length，如超出则会引发异常。该方法也是一个重载方法，参数可以是字符、数值型数据、布尔型数据、字符串或字符数组等。

【例 7-8】添加操作示例。

```java
public class Ex708 {
    public static void main(String[] args) {
        StringBuffer sb1 = new StringBuffer();
        StringBuffer sb2 = new StringBuffer("java");
        System.out.println("初始内容： " + sb1);
        System.out.println("在末尾添加字符串： " + sb1.append("Hello"));
        System.out.println("在末尾添加字符： " + sb1.append(','));
        System.out.println("在末尾添加整数： " + sb1.append(55));
        System.out.println("在末尾添加浮点数： " + sb1.append(33.4));
        System.out.println("在末尾添加布尔值： " + sb1.append(true));
        System.out.println("在末尾添加字符数组： " + sb1.append(new char[]{'a', 'b'}));
        System.out.println("在开始添加字符串： " + sb1.insert(0, sb2));
        System.out.println("在第 4 个字符后面添加字符： " + sb1.insert(4, ':'));
        System.out.println("在开始添加字符数组： " + sb1.insert(0, new char[]{'A', 'B'}));
    }
}
```

运行结果如图 7-8 所示。

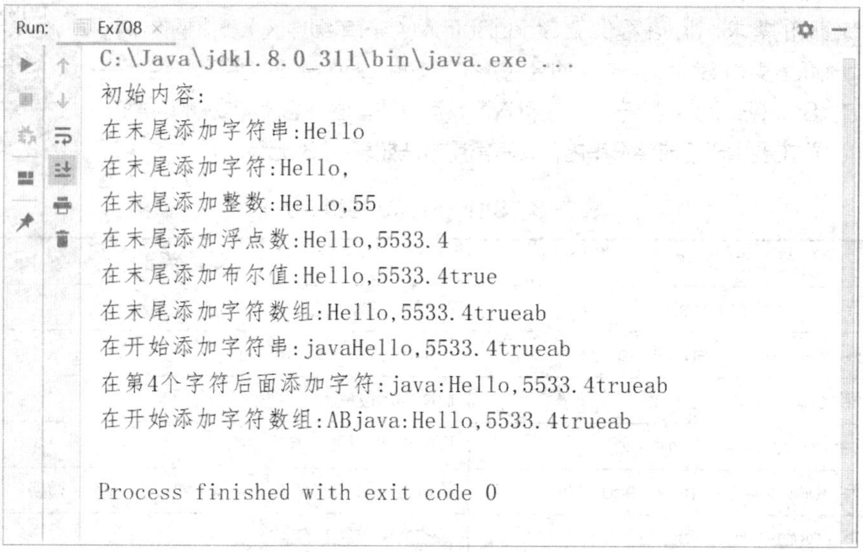

图 7-8　例 7-8 程序运行结果

【例 7-9】删除操作示例。

```java
public class Ex709 {
    public static void main(String[] args) {
        StringBuffer sb = new StringBuffer("Hello，java");
        System.out.println("初始内容： " + sb);
        System.out.println("删除前 5 个字符： " + sb.delete(0, 5));
        System.out.println("删除第 1 个字符： " + sb.deleteCharAt(0));
        System.out.println("删除所有字符： " + sb.delete(0, sb.length()));
    }
}
```

运行结果如图 7-9 所示。

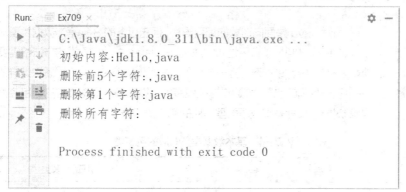

图 7-9　例 7-9 程序运行结果

【例 7-10】修改操作示例。

```java
public class Ex710 {
    public static void main(String[ ] args) {
        StringBuffer sb = new StringBuffer("Hello，java.Hello，World!");
        System.out.println("初始内容：" + sb);
        System.out.println("将前 5 个字符替换：" + sb.replace(0，5，"Hi"));
        System.out.print("将第 8 个字符替换：");
        sb.setCharAt(7，'!');
        System.out.println(sb);
        System.out.println("内容翻转：" + sb.reverse());
    }
}
```

运行结果如图 7-10 所示。

图 7-10　例 7-10 程序运行结果

> **提示**　Java 中还有一个类 StringBuilder 也可以用来操作字符串，其功能与 StringBuffer 类相似，
> 方法也基本相同。不同的是，StringBuffer 类是线程安全的，而 StringBuilder 类没有实现线程
> 安全功能，所以其性能略强。通常情况下，要创建一个内容可变的字符串对象，可优先考虑使用
> **StringBuilder** 类。

7.2.3　包装类

包装类

虽然 Java 是面向对象的编程语言，但它包含的 8 种基本数据类型却不支持面向对象的编程机制（没有属性和方法）。在 Java 中，很多类的方法都需要接收引用数据类型的对象，此时无法将一个基本数据类型的值传入。为了解决这样的问题，JDK 提供了一系列的包装类，通过这些包装类可以将基本数据类型的值包装为引用数据类型的对象。每种基本数据类型对应的包装类如表 7-4 所示。

表 7-4　基本数据类型对应的包装类

基本数据类型	对应的包装类
byte	Byte
char	Character
int	Integer
short	Short
long	Long
float	Float
double	Double
boolean	Boolean

从表 7-4 可以看出，除了 Integer 和 Character 类，其他包装类的名称都与其对应的基本数据类型一致，所不同的是首字母大写。

包装类和基本数据类型可以互相转换，在转换时可以自动装箱（AutoBoxing）和自动拆箱（AutoUnboxing）。

自动装箱是指将基本数据类型变量赋值给包装类变量时，系统能够自动将基本数据类型转换为包装类。自动拆箱是指将包装类变量赋值给基本数据类型变量时，系统能够自动将包装类转换为基本数据类型。

【例 7-11】自动装箱与自动拆箱示例。

```java
public class Ex711 {
    public static void main(String[ ] args) {
        int i = 5;
        Integer j = i;    //自动装箱：将基本数据类型变量赋给包装类变量
        int k = j;        //自动拆箱：将包装类变量赋给基本数据类型变量
        System.out.println("i=" + i);
        System.out.println("j=" + j);
        System.out.println("k=" + k);
    }
}
```

运行结果如图 7-11 所示。

图 7-11　例 7-11 程序运行结果

通过包装类和自动装箱、拆箱功能，可以把基本数据类型的变量转换成包装类的对象来使用，也可以把包装类的对象转换成基本数据类型的变量来使用。

Java 除了支持基本数据类型与包装类的互相转换，还提供了其他方法来支持基本数据类型、包装类及字符串之间的转换。具体转换方法有如下几种。

包装类、基本数据类型和字符串的转换

（1）通过 String 类的 valueOf()方法可以将 8 种基本数据类型转换为对应的字符串类型。

【例 7-12】利用 String 类的 valueOf()方法将 8 种基本数据类型转换为对应的字符串类型。

```java
public class Ex712 {
    public static void main(String[] args) {
        byte b = 12;
        short s = 340;
        int i = 1023;
        long l = 7800L;
        float f = 23.4f;
        double d = 45.32;
        boolean bl = true;
        char c = 'a';
        System.out.println("byte 型数据转为字符串：" + String.valueOf(b));
        System.out.println("short 型数据转为字符串：" + String.valueOf(s));
        System.out.println("int 型数据转为字符串：" + String.valueOf(i));
        System.out.println("long 型数据转为字符串：" + String.valueOf(l));
        System.out.println("float 型数据转为字符串：" + String.valueOf(f));
        System.out.println("double 型数据转为字符串：" + String.valueOf(d));
        System.out.println("boolean 型数据转为字符串：" + String.valueOf(bl));
        System.out.println("char 型数据转为字符串：" + String.valueOf(c));
    }
}
```

运行结果如图 7-12 所示。

（2）通过 8 种包装类的静态方法，valueOf()既可以将对应的基本数据类型转换为包装类，也可以将与变量内容匹配的字符串转换为对应的包装类（Character 包装类除外）。

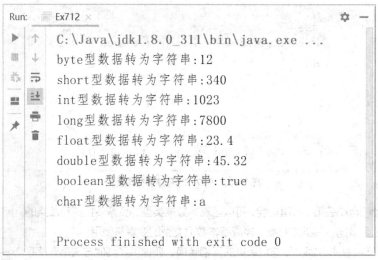

图 7-12　例 7-12 程序运行结果

【例 7-13】包装类静态方法 valueOf()使用示例。

```java
public class Ex713 {
    public static void main(String[] args) {
        byte b = 12;
        short s = 340;
        int i = 1023;
        long l = 7800L;
        float f = 23.4f;
        double d = 45.32;
        boolean bl = true;
        char c = 'a';
        System.out.println("byte 型数据转为 Byte：  " + Byte.valueOf(b));
        System.out.println("short 型数据转为 Short：  " + Short.valueOf(s));
        System.out.println("int 型数据转为 Integer：  " + Integer.valueOf(i));
        System.out.println("long 型数据转为 Long：  " + Long.valueOf(l));
        System.out.println("float 型数据转为 Float：  " + Float.valueOf(f));
        System.out.println("double 型数据转为 Double：  " + Double.valueOf(d));
        System.out.println("boolean 型数据转为 Boolean：  " + Boolean.valueOf(bl));
        System.out.println("char 型数据转为 Character：  " + Character.valueOf(c));
        System.out.println("字符串形式的整数转为 Byte：  " + Byte.valueOf("10"));
        System.out.println("字符串形式的整数转为 Short：  " + Short.valueOf("345"));
        System.out.println("字符串形式的整数转为 Integer：  " + Integer.valueOf("1023"));
        System.out.println("字符串形式的整数转为 Long：  " + Long.valueOf("102300"));
        System.out.println("字符串形式的小数转为 Float：  " + Float.valueOf("1023.4"));
        System.out.println("字符串形式的小数转为 Double：  " + Double.valueOf("1023.4"));
        System.out.println("字符串形式的布尔数据转为 Boolean：  " + Boolean.valueOf("true"));
    }
}
```

运行结果如图 7-13 所示。

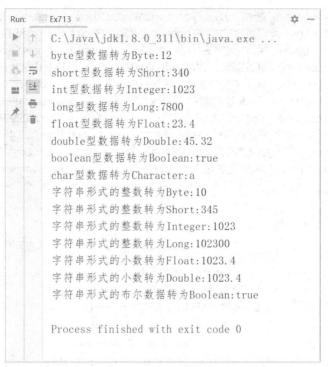

图 7-13　例 7-13 程序运行结果

> **提示**　在使用包装类的 valueOf(String s) 方法将字符串转换为对应的包装类对象时，参数字符串 s 不能为 null，而且字符串 s 必须可以解析为相应的基本类型数据（即去掉两侧的双引号后就是一个合法的基本类型数据，如 "12" 和 "12.5"），否则虽然可通过编译，但运行时会报错。例如，字符串 "12ab" 和 "2a3.4" 等就无法正常解析为基本类型数据，在运行时会引发异常。

（3）通过 8 种包装类的有参构造方法同样既可以将对应的基本数据类型转换为包装类，也可以将与变量内容匹配的字符串转换为对应的包装类（Character 包装类除外）。

【例 7-14】包装类的构造方法使用示例。

```java
public class Ex714 {
    public static void main(String[ ] args) {
        byte b = 12;
        short s = 340;
        int i = 1023;
        long l = 7800L;
        float f = 23.4f;
        double d = 45.32;
        boolean bl = true;
        char c = 'a';
        System.out.println("通过构造方法将 byte 数据转为 Byte: " + new Byte(b));
        System.out.println("通过构造方法将 short 数据转为 Short: " + new Short(s));
        System.out.println("通过构造方法将 int 数据转为 Integer: " + new Integer(s));
        System.out.println("通过构造方法将 long 数据转为 Long: " + new Long(s));
        System.out.println("通过构造方法将 float 数据转为 Float: " + new Float(f));
```

```
        System.out.println("通过构造方法将 double 数据转为 Double: " + new Double(d));
        System.out.println("通过构造方法将 boolean 数据转为 Boolean: " + new Boolean(bl));
        System.out.println("通过构造方法将 char 数据转为 Character: " + new Character(c));
        System.out.println("通过构造方法将字符串转为 Byte: " + new Byte("12"));
        System.out.println("通过构造方法将字符串转为 Short: " + new Short("230"));
        System.out.println("通过构造方法将字符串转为 Integer: " + new Integer("3000"));
        System.out.println("通过构造方法将字符串转为 Long: " + new Long("9999"));
        System.out.println("通过构造方法将字符串转为 Float: " + new Float("23.45"));
        System.out.println("通过构造方法将字符串转为 Double: " + new Double("45.67"));
        System.out.println("通过构造方法将字符串转为 Boolean: " + new Boolean("true"));
    }
}
```

运行结果如图 7-14 所示。

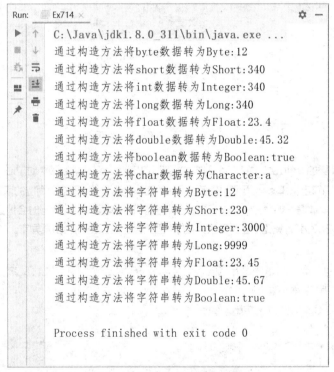

图 7-14　例 7-14 程序运行结果

（4）通过 8 种包装类的静态方法 parseXxx() 可以将与变量内容匹配的字符串转换为对应的基本数据类型（Character 包装类除外）。

【例 7-15】包装类的静态方法 parseXxx() 使用示例。

```
public class Ex715 {
    public static void main(String[ ] args) {
        byte b = Byte.parseByte("12");
        short s = Short.parseShort("345");
        int i = Integer.parseInt("1230");
        long l = Long.parseLong("9999");
        float f = Float.parseFloat("34.5");
```

```
        double d = Double.parseDouble("56.9");
        boolean bl = Boolean.parseBoolean("true");
        System.out.println("b=" + b);
        System.out.println("s=" + s);
        System.out.println("i=" + i);
        System.out.println("l=" + l);
        System.out.println("f=" + f);
        System.out.println("d=" + d);
        System.out.println("bl=" + bl);
    }
}
```

运行结果如图 7-15 所示。

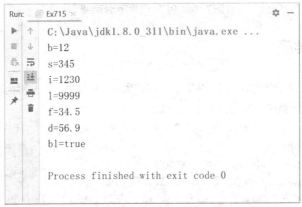

图 7-15 例 7-15 程序运行结果

 提示 在使用包装类的 **parseXxx(String s)方法**时，同样参数字符串 **s** 不能为 null，而且必须可以解析为相应的基本类型数据。

（5）包装类都重写了 Object 类中的 toString()方法，用于以字符串的形式返回被包装的基本数据类型的值。

【例 7-16】包装类的 toString()方法使用示例。

```
public class Ex716 {
    public static void main(String[] args) {
        System.out.println("将 Byte 转为字符串： " + new Byte("7").toString());
        System.out.println("将 Short 转为字符串： " + new Short("70").toString());
        System.out.println("将 Integer 转为字符串： " + new Integer("7000").toString());
        System.out.println("将 Long 转为字符串： " + new Long("999999").toString());
        System.out.println("将 Float 转为字符串： " + new Float("23.4").toString());
        System.out.println("将 Double 转为字符串： " + new Double("70.9").toString());
        System.out.println("将 Boolean 转为字符串： " + new Boolean("true").toString());
        System.out.println("将 Character 转为字符串： " + new Character('a').toString());
    }
}
```

运行结果如图 7-16 所示。

147

图 7-16　例 7-16 程序运行结果

7.3　任务实施

本任务要求能够按姓氏查找相应的学生，当用户选择查找功能后，可从键盘输入要查找的学生的姓氏，然后系统能够显示所有这一姓氏的学生的信息。

在任务 5 中实现的 StudentView 类中添加一个 showByName()方法，代码如下。

```java
public void showByName() {
    Scanner sc = new Scanner(System.in);
    System.out.print("请输入要查找的学生姓氏：");
    String name = sc.next();
    Student[ ] stus = studentList.getAllStudents();
    System.out.println("学号\t 姓名\t 数学\t 语文\t 英语");
    for (int i = 0; i < stus.length; i++) {
        if (stus[i].getName().startsWith(name)) {
            System.out.println(stus[i].getId() + "\t"
                    + stus[i].getName() + "\t"
                    + stus[i].getMath() + "\t\t"
                    + stus[i].getChinese() + "\t\t"
                    + stus[i].getEnglish());
        }
    }
}
```

在 StudentView 类中原有的 printMenu()方法中添加一个表示查找功能的菜单项，修改后的代码如下。

```java
public void printMenu() {
    System.out.println("-----学生基本信息管理--------");
    System.out.println("add:  -----添加学生信息");
    System.out.println("delete:  --删除学生信息");
    System.out.println("modify:  --修改学生信息");
    System.out.println("show:  ----显示学生信息");
    System.out.println("find:  ----查找学生信息");
    System.out.println("return:  --返回");
```

```
            System.out.println("----------------------------");
    }
```

在 StudentView 类中原有的 process()方法中添加当用户输入"find"命令时的逻辑处理，修改后的代码如下。

```
public void process() {
        printMenu();
        while (true) {
            Scanner sc = new Scanner(System.in);
            System.out.print("info>");
            String choice = sc.next();
            switch (choice) {
                case "add":    add(); break;
                case "modify":    modify(); break;
                case "delete":    delete(); break;
                case "show":    show(); break;
                case "find":    showByName(); break;
                case "return":    return;
                default:    System.out.println("输入错误");
            }
        }
    }
```

运行程序，测试查找功能。先利用"add"命令添加若干条记录，然后利用"find"命令查找某一姓氏的学生信息。查找功能的测试结果如图 7-17 所示。通过运行结果，可以看到能够实现按姓氏进行查找并显示相应的学生信息，程序功能满足要求。

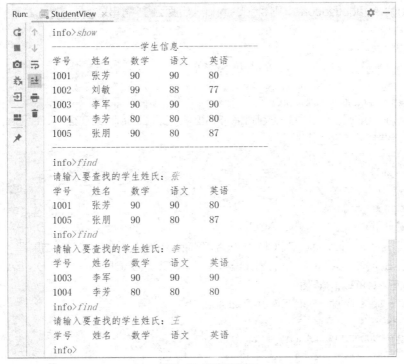

图 7-17　查找功能

7.4　任务小结

通过本任务的实施，我们了解和掌握了 String 类和 StringBuffer 类的常用方法及基本操作，掌握了包装类与字符串之间的互相转换方法。"君子生非异也，善假于物也"。在项目开发过程中善用 Java 的基础类库，可以有效提高开发效率，降低开发难度。

7.5　练习题

一、填空题

1. 语句 System.out.println(new String().length());的输出结果是_____。

2. 语句 System.out.println("hello".length());的输出结果是_____。

3. 语句 System.out.println("java".lastIndexOf("a"));的输出结果是_____。

4. 语句 System.out.println("java".contains("a"));的输出结果是_____。

5. 语句 System.out.println("a，b，c，d".split("，", 3).length);的输出结果是_____。

二、判断题

1. 语句 System.out.println("a，b，c，d，e".split("-").length);的输出结果为 1。（　　　）

2. 语句 System.out.println("a，b，c，d，e".endsWith("E"));的输出结果为 true。（　　　）

3. 语句 System.out.println("012345".substring(0，3).length());的输出结果为 4。（　　　）

4. 语句 System.out.println(new String("hello") == new String("hello"));的输出结果为 true。（　　　）

5. 语句 System.out.println("ab　cd".trim().length());的输出结果为 4。（　　　）

三、选择题

1. String s = "abcdedcba";，则 s.substring(3,5)返回的字符串是_____。
   A. cd　　　　　　　　B. de　　　　　　　　C. cde　　　　　　　D. ded

2. 下面程序段的输出结果是_____。
```
StringBuffer sb = new StringBuffer("Beijing2022");
sb.insert(7, "@");
System.out.println(sb.toString());
```
   A. Beijing2022　　　B. Beijing@2022　　C. @Beijing2022　　D. Beijing2022@

3. 下列程序段的输出结果是_____。
```
String s = "ABCD";
s.concat("E");
s.replace("C"，"F");
System.out.println(s);
```
   A. ABCD　　　　　　B. ABCDE　　　　　C. ABFDE　　　　　D. EABFD

4. 语句 System.out.println("ABCD".concat("E").replace("C","F"));的输出结果是_____。
   A. ABCD　　　　　　B. ABCDE　　　　　C. ABFDE　　　　　D. EABFD

5. 下列程序段的输出结果是_____。
```
StringBuffer sb = new StringBuffer("012345");
sb.replace(0，4，"8");
System.out.println(sb.toString().length());
```
   A. 4　　　　　　　　B. 3　　　　　　　　C. 6　　　　　　　　D. 5

四、上机练习题

1. 统计一个字符串中大写字母、小写字母和数字出现的次数。

2. 编写程序，实现字符串大小写的转换并将其逆序输出，如字符串"a1B2c3"的输出结果为"3C2b1A"。

3. 设一个字符串中存放了若干个用逗号分隔的单词，如"hello，good，how，now，happy，boy"，找出包含字母"o"的所有单词。

4. 设一个字符串包含若干个用逗号分隔的整数，将数字从大到小排序并输出。

5. 统计一个字符串在另一个字符串中出现的次数。

7.6 拓展实践项目——商品的模糊查找功能

【实践描述】

商品基本信息管理模块的显示商品信息功能只能显示所有商品信息，无法显示部分商品信息。有时可能只需要显示满足一定条件的商品信息，所以需要查找功能。

【实践要求】

为商品基本信息管理模块添加一个查找功能，实现商品名称的模糊查找，根据用户输入的商品名称查找并显示满足条件的商品信息。

任务8
系统存储结构优化（集合）

在处理批量数据时，除了可以使用数组，Java 还提供了集合用于批量数据的处理，针对不同类型数据的处理可以使用不同的集合来实现。本部分内容将主要介绍 Java 中集合体系架构和常用集合 List、Set、Map 的使用，以及泛型和聚合操作的使用。

教学与素养目标

- ➢ 培养精益求精、一丝不苟的工匠精神
- ➢ 了解集合的分类及特点
- ➢ 理解集合体系架构
- ➢ 掌握 List、Set、Map 的常用方法
- ➢ 理解泛型的作用

- ➢ 掌握常用聚合操作方法
- ➢ 掌握 ArrayList、HashSet、TreeSet、HashMap、TreeMap 的基本操作和使用方法
- ➢ 能够熟练使用聚合操作对集合数组进行操作
- ➢ 能够熟练使用各种集合来解决实际问题

8.1 任务描述

学生信息管理系统采用数组来存放学生对象，采用数组有不够灵活的地方。首先数组长度是固定的，一旦确定后不允许改变，但实际要管理的学生数目可能需要随时变化，如开学时有新生来、毕业时有学生离去。其次数组本身进行插入、删除时涉及大量的元素移动操作，而且这些操作都需要开发人员自行实现，使用起来不太方便。项目组决定对学生信息管理系统的存储结构进行优化，不再采用数组，而采用使用更加方便、灵活的集合来实现。要实现本任务，需要了解和掌握 Java 中各种集合的使用方法。

8.2 技术准备

Java 中的集合就像一个容器，专门用来存储 Java 对象（实际上是对象的引用，但习惯上简称为对象）。这些对象可以是任意的数据类型，并且长度可变。Java 集合中只能存放引用类型数据，不能存放基本类型数据。

集合按照其存储结构可以分为两大类，单列集合 Collection 和双列集合 Map。

Collection 是单列集合根接口，用于存储一系列符合某种规则的元素。Collection 集合有两个重要的子接口，分别是 List 和 Set。List 集合的特点是元素有序、可重复，该接口的主要实现类有 ArrayList 和 LinkedList。Set 集合的特点是元素无序并且不可重复，该接口的主要实现类有 HashSet 和 TreeSet。

Map 是双列集合根接口，用于存储具有键（Key）、值（Value）映射关系的元素。Map 集合中的

每个元素都包含一对键值，并且键唯一，在使用 Map 集合时通过指定的键找到对应的值。Map 接口的主要实现类有 HashMap 和 TreeMap。

集合体系架构如图 8-1 所示。虚线框里的是接口类型，实线框里的是具体的实现类。

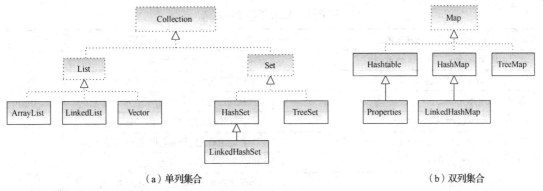

（a）单列集合　　　　　　　　　　　　　　　　（b）双列集合

图 8-1　集合体系架构

这些集合接口及实现类都位于 java.util 包中，使用时需要导入该包。

8.2.1　Collection 接口

Collection 接口是所有单列集合的根接口，里面定义了很多通用方法。这些方法可用于操作所有的单列集合，其主要方法如表 8-1 所示。

表 8-1　Collection 接口的主要方法

方法声明	功能描述
boolean add(Object o)	向集合中添加一个元素
boolean addAll(Collection c)	将指定集合 c 中的所有元素添加到集合中
void clear()	删除集合中的所有元素
boolean remove(Object o)	删除集合中指定的元素
boolean removeAll(Collection c)	删除集合中属于指定集合 c 中的所有元素
boolean isEmpty()	判断集合是否为空
boolean contains(Object o)	判断集合中是否包含某个元素
boolean containsAll(Collection c)	判断集合中是否包含指定集合 c 中的所有元素
Iterator iterator()	返回在集合的元素上进行迭代的迭代器（Iterator），用于遍历该集合的所有元素
int size()	获取集合元素个数
Stream<E> stream()	将集合源转换为有序元素的流对象

8.2.2　List 接口

List 接口继承自 Collection 接口，是单列集合的一个重要分支，通常将实现了 List 接口的对象称为 List 集合（或 List 列表）。

List 集合通常用于存放一组可重复、有序（有先后次序之分）的元素，可通过索引来获取某一位置上的元素。

List 接口是 Collection 接口的子接口，继承了 Collection 接口的全部方法，同时又增加了一些自身特有的方法，如表 8-2 所示。

表 8-2 List 接口常用方法

方法声明	功能描述
void add(int index，Object element)	在末尾或指定位置添加元素
boolean addAll(int index，Collection c)	在末尾或指定位置插入集合 c 中的所有元素
Object get(int index)	返回指定位置上的元素
Object remove(int index|Object o)	删除指定位置或指定的元素，并返回删除的元素
Object set(int index, Object element)	设置指定位置上的元素，返回设置后的元素
int indexOf(Object o)	返回元素在集合中首次出现的位置
int lastIndexOf(Object o)	返回元素在集合中最后一次出现的位置
List subList(int fromIndex, int toIndex)	返回指定范围内（不包括结束位置）所有元素组成的子集合
Object[ ] toArray()	将集合元素转换为数组
default void sort(Comparator<? super E> c)	根据指定的比较规则对集合元素进行排序

List 接口有两个常用的实现类 ArrayList 和 LinkedList。

1. ArrayList

ArrayList 集合

ArrayList 是 List 接口的一个实现类，也是程序中经常使用的一种数据结构。ArrayList 内部封装了一个长度可变的数组对象，当存入的元素个数超过当前数组长度时，ArrayList 会在内存中分配一个更大的数组来存储这些元素，可以将 ArrayList 看作一个长度可变的数组。通过 List 接口和 Collection 接口提供的一些方法可方便地对 ArrayList 进行操作，如添加、删除、修改元素等。

【例 8-1】ArrayList 使用示例。

```java
import java.util.ArrayList;
import java.util.List;

public class Ex801 {
    public static void main(String[ ] args) {
        ArrayList arrList1 = new ArrayList();        //初始化一个空集合
        arrList1.add("stu1");                        //往集合中添加元素
        arrList1.add("stu2");
        arrList1.add("stu1");
        System.out.println("集合 1 中元素为：" + arrList1);
        System.out.println("集合 1 中元素个数：" + arrList1.size());
        System.out.println("集合 1 中第 2 个元素为：" + arrList1.get(1));
        System.out.println("元素 stu1 在集合 1 中首次出现位置：" + arrList1.indexOf("stu1"));
        System.out.println("元素 stu1 在集合 1 中末次出现位置：" + arrList1.lastIndexOf("stu1"));
        ArrayList arrList2 = new ArrayList();
        arrList2.add("stu3");                        //在末尾添加元素
        arrList2.add(0, "stu4");                     //在指定位置添加元素
        System.out.println("集合 2 中元素为：" + arrList2);
```

```
        arrList1.addAll(arrList2);                    //在末尾插入
        System.out.println("在集合 1 末尾插入集合 2 中元素: " + arrList1);
        arrList1.addAll(0, arrList2);                  //在指定位置插入
        System.out.println("在集合 1 开始插入集合 2 中元素: " + arrList1);
        arrList1.set(0, "stu9");                       //修改指定位置上的元素
        System.out.println("修改第 1 个元素后集合 1 中元素为: " + arrList1);
        List subList = arrList1.subList(1, 3);         //取指定范围内的元素
        System.out.println("子列表中元素为: " + subList);
        arrList1.remove(0);                            //删除指定位置上的元素
        System.out.println("删除第 1 个元素后集合 1 中元素为: " + arrList1);
        arrList1.remove("stu3");                       //删除指定元素
        System.out.println("删除首个 stu3 后集合 1 中元素为: " + arrList1);
        System.out.println("集合 1 中是否包含元素 stu4: " + arrList1.contains("stu4"));
        System.out.println("集合 1 是否包含集合 2 所有元素: " + arrList1.containsAll(arrList2));
        arrList1.removeAll(arrList2);                  //从集合 1 中删除所有集合 2 中的元素
        System.out.println("从集合 1 中删除所有集合 2 中的元素: " + arrList1);
        arrList1.clear();                              //清空集合
        System.out.println("集合 1 清空后是否为空: " + arrList1.isEmpty());
        Object[] arr = arrList2.toArray();
        System.out.print("集合 2 转换成数组: ");
        for(Object o: arr){
            System.out.print(o + " ");
        }
    }
}
```

运行结果如图 8-2 所示。

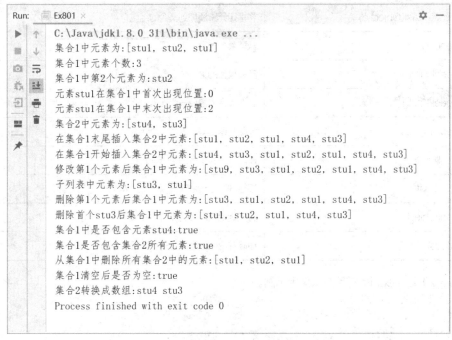

图 8-2　例 8-1 程序运行结果

LinkedList 集合

2. LinkedList

LinkedList 是 List 接口的另一个实现类。LinkedList 内部采用一个双向链表来存放元素，双向链表对于节点的增、删效率比数组的要高，因此比较适用于需要频繁进行元素增、删操作的场合。ArrayList 内部用数组来存放元素，对于元素的查找、遍历比较高效，但对于元素的增、删效率相对较低，因此比较适用于需要频繁进行元素的查找和遍历的场合。

LinkedList 除了继承自 Collection 和 List 接口的方法，针对元素的增、删又定义了一些特有的方法，如表 8-3 所示。

表 8-3　LinkedList 常用方法

方法声明	功能描述
void addFirst(Object o)	将指定元素插入集合的开头
void addLast(Object o)	将指定元素添加到集合的结尾
Object getFirst()	返回集合的第一个元素
Object getLast()	返回集合的最后一个元素
Object removeFirst()	移除并返回集合的第一个元素
Object removeLast()	移除并返回集合的最后一个元素
boolean offer(Object o)	将指定元素添加到集合的结尾
boolean offerFirst(Object o)	将指定元素添加到集合的开头
boolean offerLast(Object o)	将指定元素添加到集合的结尾
Object peek()	获取集合的第一个元素
Object peekFirst()	获取集合的第一个元素
Object peekLast()	获取集合的最后一个元素
Object poll()	移除并返回集合的第一个元素
Object pollFirst()	移除并返回集合的第一个元素
Object pollLast()	移除并返回集合的最后一个元素
void push(Object o)	将指定元素添加到集合的开头
Object pop()	移除并返回集合的第一个元素

【例 8-2】LinkedList 常用方法使用示例。

```java
import java.util.LinkedList;

public class Ex802 {
    public static void main(String[] args) {
```

```
        LinkedList link = new LinkedList();
        link.add("stu1");              //在末尾添加元素
        link.add("stu2");
        System.out.println("link 中元素: " + link);
        link.addFirst("stu0");         //在开始插入元素
        System.out.println("在开始插入 stu0: " + link);
        link.addLast("stu9");          //在尾部插入元素
        System.out.println("在尾部插入元素 stu9: " + link);
        link.add(3，"stu3");           //在指定位置插入元素
        System.out.println("在下表为 3 处插入元素 stu3: " + link);
        System.out.println("link 中第 1 个元素为: " + link.getFirst());      //获取第一个元素
        System.out.println("link 中第 3 个元素为: " + link.get(2));          //获取指定位置上的元素
        System.out.println("link 中最后 1 个元素为: " + link.getLast());      //获取最后一个元素
        link.removeFirst();            //删除第一个元素
        System.out.println("link 中删除第 1 个元素后: " + link);
        link.removeLast();             //删除最后一个元素
        System.out.println("link 中删除最后 1 个元素后: " + link);
        link.remove(1);                //删除指定位置上的元素
        System.out.println("link 中删除索引为 1 处元素后: " + link);
        link.remove("stu3");           //删除指定元素
        System.out.println("link 中删除元素 stu3 后: " + link);
        link.offer("stu9");            //在尾部添加元素
        System.out.println("link 中尾部添加元素 stu9: " + link);
        link.offerFirst("stu8");       //在头部添加元素
        System.out.println("link 中头部添加元素 stu8: " + link);
        link.offerLast("stu7");        //在尾部添加元素
        System.out.println("link 中尾部添加元素 stu7: " + link);
        System.out.println("link 中第 1 个元素为: " + link.peekFirst());     //获取第一个元素
        System.out.println("link 中最后 1 个元素为: " + link.peekLast());     //获取最后一个元素
        System.out.println("link 中第 1 个元素为: " + link.peek());          //获取第一个元素
        link.poll();                   //移除第一个元素
        System.out.println("link 中移除第 1 个元素后: " + link);
        link.pollLast();               //移除最后一个元素
        System.out.println("link 中移除最后 1 个元素后: " + link);
        link.pollFirst();              //移除第一个元素
        System.out.println("link 中移除第 1 个元素后: " + link);
        link.push("stu6");             //在头部添加元素
        System.out.println("link 中头部添加元素 stu6: " + link);
        link.pop();                    //移除第一个元素
        System.out.println("link 中移除第 1 个元素后: " + link);
    }
}
```

运行结果如图 8-3 所示。

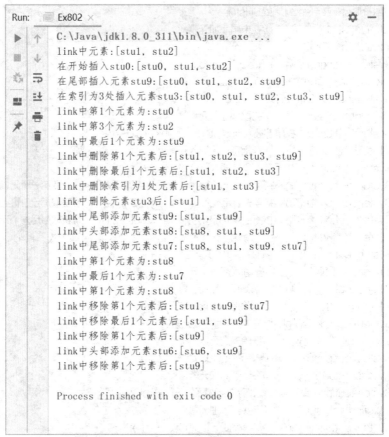

图8-3 例8-2程序运行结果

8.2.3 Set 接口

Set 接口和 List 接口一样，继承自 Collection 接口。Set 集合中存放的是一组无序（没有先后次序之分）、不可重复的元素。

Set 接口主要有两个实现类：HashSet 和 TreeSet。HashSet 根据元素的哈希值来确定元素在集合中的存储位置，具有良好的存取和查找性能。TreeSet 以二叉树的方式来存储元素，它可以实现对集合中的元素进行排序。

Set 接口常用方法如表 8-4 所示。

表 8-4 Set 接口常用方法

方法声明	功能描述
boolean add(E e)	添加元素
boolean addAll(Collection c)	添加集合 c 中的所有元素
int hashCode()	返回元素的哈希值
boolean equals(Object o)	判断两个集合是否相等
Object[ ] toArray()	将集合元素转换为数组

1. HashSet

HashSet 集合

HashSet 是 Set 接口的一个实现类，HashSet 集合中存放的元素是无序、唯一的。当向 HashSet 集合添加一个元素时，首先调用该元素的 hashCode()方法确定元素的存储位置，然后调用 equals()方法确保集合中没有重复元素。

【例 8-3】HashSet 使用示例。

```java
import java.util.HashSet;

public class Ex803 {
    public static void main(String[] args) {
        HashSet hs1 = new HashSet();
        hs1.add("stu1");          //添加元素
        hs1.add("stu2");
        hs1.add("stu1");          //重复元素无法添加
        System.out.println("hs1 中内容： " + hs1);
        System.out.println("hs1 中元素个数： " + hs1.size());
        HashSet hs2 = new HashSet();
        hs2.add(2);               //添加元素
        hs2.add(3);
        hs2.add(2);               //重复元素无法添加
        System.out.println("hs2 中内容： " + hs2);
        System.out.println("hs2 中元素个数： " + hs2.size());
    }
}
```

运行结果如图 8-4 所示。

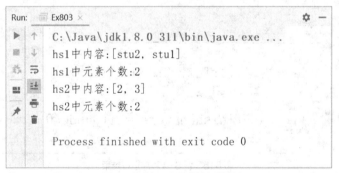

图 8-4　例 8-3 程序运行结果

提示　集合中只能存放引用类型数据，不能存放基本类型数据。上述代码从表面看是往集合中添加了基本类型数据，实际上系统自动将其转换成了相应的包装类数据，即自动装箱。

在 Java 中，包装类和 String 类都已经默认重写了 hashCode()和 equals()方法，因此往 HashSet 集合添加这些类型的元素时，系统能够保证集合中没有重复元素。但对于自定义的数据类型（如用户自定义的类），如果没有重写 hashCode()和 equals()方法，则无法实现自动去重功能。

【例 8-4】在 HashSet 集合中存入自定义类对象。

```java
import java.util.HashSet;
```

```
//自定义类
class Student{
    String id;              //学号
    String name;            //姓名

    public Student(String id, String name) {
        this.id = id;
        this.name = name;
    }

    public String toString(){
        return id + ": " + name;
    }
}

public class Ex804 {
    public static void main(String[] args) {
        HashSet hs = new HashSet();
        hs.add(new Student("1", "Tom"));      //添加自定义类对象
        hs.add(new Student("2", "John"));
        hs.add(new Student("1", "Tom"));
        System.out.println("hs 中内容: " + hs);
    }
}
```

运行结果如图8-5所示。

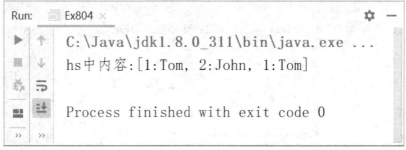

图8-5　例8-4程序运行结果

由运行结果可以看到，学号和姓名完全相同的一个学生对象在集合中出现了2次，即没有实现自动去重功能。

对于自定义的数据类型，要保证插入集合中的元素是没有重复的，必须重写 hashCode()和 equals()方法。

【例8-5】在 HashSet 集合中存入自定义类对象时实现自动去重。

```
import java.util.HashSet;

//自定义类
class Student{
    String id;
```

```java
    String name;

    public Student(String id, String name) {
        this.id = id;
        this.name = name;
    }

    public String toString(){
        return id + ": " + name;
    }

    //重写 equals()方法，只要 id 值相同，就认为两个对象相同
    public boolean equals(Object o) {
        if (this == o) return true;
        if (!(o instanceof Student)) return false;
        Student stu = (Student) o;
        return this.id.equals(stu.id) ;
    }

    //重写 hashCode()方法
    public int hashCode() {
        return id.hashCode();
    }
}

public class Ex805 {
    public static void main(String[] args) {
        HashSet hs = new HashSet();
        hs.add(new Student("1", "Tom"));    //添加自定义类对象
        hs.add(new Student("2", "John"));
        hs.add(new Student("1", "Tom"));
        hs.add(new Student("3", "Tom"));
        System.out.println("hs 中内容: " + hs);
    }
}
```

运行结果如图 8-6 所示。

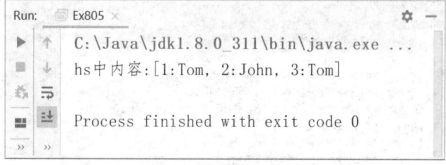

图 8-6 例 8-5 程序运行结果

由运行结果可以看到，在自定义类中重写了 hashCode()方法和 equals()方法后，就可以实现元素的自动去重功能。至于自定义的两个对象如何认定其相同，可以根据实际需要自行定义。如上述程序中只要两个对象的 id（学号）值相同，即认为两个对象是相同的。

2. TreeSet

TreeSet 是 Set 接口的另一个实现类，它的内部采用平衡二叉树来存储元素，以保证 TreeSet 集合中没有重复的元素，并且可以对元素进行排序。

二叉树就是每个节点最多有两个子节点的有序树，每个节点及其子节点组成的树称为子树，左侧的节点称为左子树，右侧的节点称为右子树，其中左子树上的元素小于它的根节点，右子树上的元素大于它的根节点。

因其存储结构的特殊性，TreeSet 接口本身提供了一些特有方法来操作集合，如表 8-5 所示。

表 8-5　TreeSet 接口特有方法

方法声明	功能描述
Object first()	返回集合的首个元素
Object last()	返回集合的最后一个元素
Object lower(Object o)	返回集合中小于给定元素的最大元素，如果没有则返回 null
Object floor(Object o)	返回集合中小于或等于给定元素的最大元素，如果没有则返回 null
Object higher(Object o)	返回集合中大于给定元素的最小元素，如果没有则返回 null
Object ceiling(Object o)	返回集合中大于或等于给定元素的最小元素，如果没有则返回 null
Object pollFirst()	移除并返回集合的第一个元素
Object pollLast()	移除并返回集合的最后一个元素

【例 8-6】TreeSet 集合使用示例。

```java
import java.util.TreeSet;

public class Ex806 {
    public static void main(String[] args) {
        TreeSet ts = new TreeSet();
        ts.add(5);
        ts.add(3);
        ts.add(8);
        ts.add(2);
        System.out.println("ts 集合中内容：" + ts);
        System.out.println("ts 集合中首元素：" + ts.first());
        System.out.println("ts 集合中末元素：" + ts.last());
        System.out.println("ts 集合中小于 5 的最大元素：" + ts.lower(5));
        System.out.println("ts 集合中小于或等于 5 的最大元素：" + ts.floor(5));
        System.out.println("ts 集合中大于 3 的最小元素：" + ts.higher(3));
        System.out.println("ts 集合中大于或等于 3 的最小元素：" + ts.ceiling(3));
        ts.pollFirst();        //移除第一个元素
        System.out.println("ts 集合移除首元素后：" + ts);
        ts.pollLast();         //移除最后一个元素
```

```
        System.out.println("ts 集合移除末元素后: " + ts);
        System.out.println("ts 集合中元素个数: " + ts.size());
    }
}
```

运行结果如图 8-7 所示。

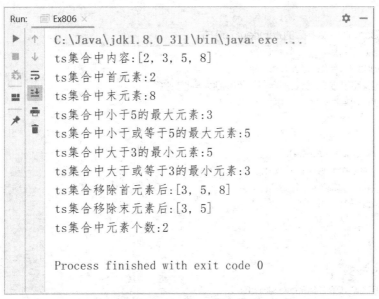

图8-7　例8-6程序运行结果

　　向 TreeSet 集合添加元素时，会调用 compareTo()方法进行比较排序。该方法是在 Comparable 接口中定义的，Java 的基本数据类型对应的包装类和 String 类都实现了 Comparable 接口，并默认实现了接口中的 compareTo()方法，因此当向集合添加这些类型的数据时，系统会自动进行排序。

自然排序和
定制排序

　　但是当向集合添加自定义类型的数据时，由于这些自定义类型的数据所在的类没有实现 Comparable 接口，因此无法直接在 TreeSet 集合中进行排序操作。为了解决此问题，Java 提供了两种 TreeSet 的排序规则：自然排序和定制排序。

（1）自然排序

　　默认情况下，TreeSet 集合采用自然排序。自然排序要求向 TreeSet 集合添加的元素所在类必须实现 Comparable 接口，并重写 compareTo()方法，然后 TreeSet 集合会对该类型元素调用 compareTo()方法进行比较，并默认进行升序排列。

【例 8-7】自然排序。

```
import java.util.TreeSet;

//自定义类
class Student implements Comparable{
    String name;        //姓名
    int age;            //年龄

    public Student(String name, int age) {
        this.name = name;
```

```
        this.age = age;
    }

    public String toString(){
        return name + ": " + age;
    }

    //重写 Comparable 接口的 compareTo()方法
    public int compareTo(Object o) {
        Student s = (Student) o;
        //定义比较方式，先比较年龄，年龄相同再比较姓名
        if(this.age - s.age > 0){
            return 1;
        }
        if(this.age == s.age){
            return this.name.compareTo(s.name);
        }
        return -1;
    }
}

public class Ex807 {
    public static void main(String[] args) {
        TreeSet ts = new TreeSet();
        ts.add(new Student("Tom", 22));
        ts.add(new Student("John", 20));
        ts.add(new Student("Merry", 22));
        ts.add(new Student("Jack", 18));
        ts.add(new Student("Ami", 18));
        ts.add(new Student("Jack", 18));
        System.out.println("ts 集合中元素: " + ts);
    }
}
```

运行结果如图 8-8 所示。

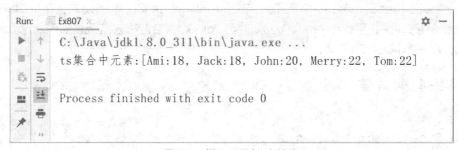

图 8-8　例 8-7 程序运行结果

在上述代码中，自定义的 Student 类实现了 Comparable 接口，并重写了 compareTo()方法。在 compareTo()方法中，先按 age（年龄）进行比较，当 age 相同时，再按 name（姓名）进行比较，即

插入 TreeSet 集合中的 Student 对象将先按年龄排序，年龄相同再按姓名排序。从运行结果可以看到相应的排序规则已经生效，而且重复元素也会被自动去除。

（2）定制排序

有时候，用户自定义类型的数据所在类没有实现 Comparable 接口，或者实现了 Comparable 接口，但不想按其定义的 compareTo()方法进行排序。例如，对于字符串，不想按事先定义的按英文字母的顺序排序，而希望按字符串长度排序；或者是对于数值型数据，不想按默认的按数值大小升序排列，想降序排列，这时就可以通过定制排序来实现。

定制排序是在创建 TreeSet 集合时就自定义一个比较器来对元素进行自定义排序。自定义比较器需要实现 Comparator 接口中的 compare()方法。

【例 8-8】对 TreeSet 集合中的字符串按长度进行升序排列。

```java
import java.util.Comparator;
import java.util.TreeSet;

//自定义比较器实现 Comparator 接口
class MyComparator implements Comparator{
    @Override
    public int compare(Object o1, Object o2) {
        //自定义排序规则，按字符串长度升序排列
        String s1 = (String)o1;
        String s2 = (String)o2;
        return s1.length() - s2.length();
    }
}
public class Ex808 {
    public static void main(String[] args) {
        //创建集合时传入 Comparator 接口实现定制排序规则
        TreeSet ts = new TreeSet(new MyComparator());
        ts.add("Harry");
        ts.add("Tom");
        ts.add("Jack");
        ts.add("Tom");
        System.out.println("ts 中元素: " + ts);
    }
}
```

运行结果如图 8-9 所示。

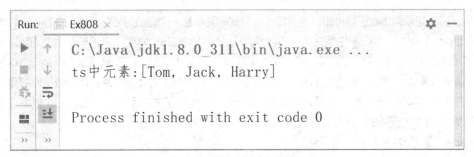

图 8-9　例 8-8 程序运行结果

由于 Comparator 接口是一个函数式接口，因此也可直接利用 Lambda 表达式来实现排序规则的定制。

【例 8-9】对 TreeSet 集合中的字符串按长度进行降序排列。

```java
import java.util.TreeSet;

public class Ex809 {
    public static void main(String[] args) {
        //利用 Lambda 表达式定制排序规则
        TreeSet ts = new TreeSet((o1, o2)->{
            String s1 = (String)o1;
            String s2 = (String)o2;
            return s2.length() – s1.length();
        });
        ts.add("Harry");
        ts.add("Tom");
        ts.add("Jack");
        ts.add("Tom");
        System.out.println("ts 中元素： " + ts);
    }
}
```

运行结果如图 8-10 所示。

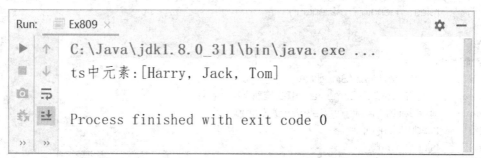

图 8-10　例 8-9 程序运行结果

从运行结果可以看出，利用 Lambda 表达式同样可以实现排序规则的定制，而且使用 Lambda 表达式实现函数式接口代码更加简洁。

8.2.4　Map 接口

Map 接口是双列集合的根接口，双列集合中存储的元素是一个键值对，键和值之间存在一种对应关系，称为映射。例如，每个学生都有唯一的学号，一个学号对应一个学生，学号与学生之间就是一对一关系。这种映射关系是一对一的，即一个键对应唯一的值，其中键和值可以是任意数据类型，键不允许重复，值可以重复。例如，学号与姓名之间，学号作为键不能有重复值，但姓名作为值可以有重复值，即可能有同名的学生，但他们的学号是不同的，给定一个学号，只能找到与其对应的一个姓名。因此在访问 Map 集合中的元素时，是根据指定的键来找到与其对应的值。

Map 接口常用方法如表 8-6 所示。

表 8-6　Map 接口常用方法

方法声明	功能描述
void put(Object key, Object value)	向 Map 集合添加元素
int size()	返回 Map 集合元素的个数
Object get(Object key)	返回指定键对应的值，如果键不存在，则返回 null
boolean containsKey(Object key)	查看 Map 集合中是否存在指定的键
boolean containsValue(Object value)	查看 Map 集合中是否存在指定的值
Object remove(Object key)	删除并返回 Map 集合中指定键对应的元素
void clear()	清空集合
Set keySet()	返回 Map 集合中的所有键
Collection values()	返回 Map 集合中的所有值
Set<Map.Entry<Key，Value>> entrySet()	将 Map 集合转换为 Set 集合
Object getOrDefault(Object key, Object defaultValue)	返回集合中指定键对应的值，如果不存在，则返回指定值 defaultValue
Object putIfAbsent(Object key, Object value)	如果集合中不存在该元素，则添加，如果已存在，则返回其值
boolean remove(Object key, Object value)	删除 Map 集合中指定的元素（键、值同时匹配）
boolean replace(Object key, Object value)	修改指定键对应的值

Map 接口有两个比较常用的实现类：HashMap 和 TreeMap。

1. HashMap

HashMap 是 Map 接口的一个实现类，它用于存储键值对，其中键和值允许为空，但键不能重复，且集合中的元素是无序的。

HashMap 集合

HashMap 底层是由哈希表结构组成的，其实就是"数组+链表"的组合体，数组是 HashMap 的主体结构，链表则主要是为了解决哈希值冲突而存在的分支结构。正因为这样特殊的存储结构，HashMap 集合对于元素的增、删、改、查等操作效率相对较高。

【例 8-10】HashMap 集合使用示例。

```java
import java.util.HashMap;
import java.util.Set;

public class Ex810 {
    public static void main(String[ ] args) {
        HashMap hm = new HashMap();
        hm.put("1", "Tom");            //添加元素
        hm.put("2", "Jack");
        hm.put("3", "Lilly");
        hm.put("4", "Lilly");          //值可以重复
        hm.put("2", "Rose");      //如果添加的键已经存在，则修改原有键对应的值
        System.out.println("集合中元素: " + hm);
        System.out.println("集合中元素个数: " + hm.size());
```

```
        System.out.println("是否包含键 2: " + hm.containsKey("2"));
        System.out.println("是否包含值 Jack: " + hm.containsValue("Jack"));
        System.out.println("键 2 对应的值: " + hm.get("2"));
        System.out.println("键 5 对应的值: " + hm.get(5));
        System.out.println("所有的键: " + hm.keySet());
        System.out.println("所有的值: " + hm.values());
        System.out.println("键 5 对应的值，如不存在则返回 John: " + hm.getOrDefault("5", "John"));
        hm.putIfAbsent("1", "Tom");              //如果不存在则添加
        System.out.println("添加键值对 1: Tom 后元素: " + hm);
        hm.putIfAbsent("5", "Ami");
        System.out.println("添加键值对 5: Ami 后元素: " + hm);
        hm.replace("5", "Lucy");                 //替换键 5 对应的值为 Lucy
        System.out.println("将键 5 对应值修改为 Lucy 后: " + hm);
        hm.remove("4");                          //删除键 4 对应的元素
        System.out.println("删除键 4 对应元素后: " + hm);
        hm.remove("3", "lily");                  //删除键为 3、值为 lily 的元素
        System.out.println("删除与 3: lily 匹配的元素后: " + hm);
        Set set = hm.entrySet();                 //转换为 Set 集合
        System.out.println("转换为 Set 集合: " + set);
        hm.clear();                              //清空集合
        System.out.println("清空后集合: " + hm);
    }
}
```

运行结果如图 8-11 所示。

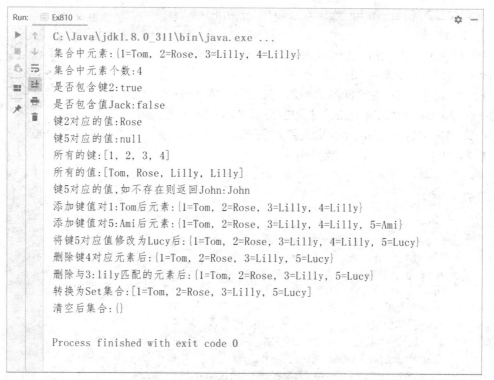

图 8-11 例 8-10 程序运行结果

2. TreeMap

TreeMap 是 Map 接口的另一个实现类。TreeMap 底层通过二叉树来存储元素，因此 TreeMap 中的所有键都是按照某种顺序排列的。

【例 8-11】TreeMap 集合使用示例。

TreeMap 集合

```java
import java.util.TreeMap;

public class Ex811 {
    public static void main(String[] args) {
        TreeMap tm = new TreeMap();
        tm.put(1, "张军");          //添加元素
        tm.put(3, "李梅");
        tm.put(5, "刘敏");
        tm.put(2，"孙朋");
        System.out.println("集合中元素：" + tm);
        System.out.println("集合中元素个数：" + tm.size());
    }
}
```

运行结果如图 8-12 所示。

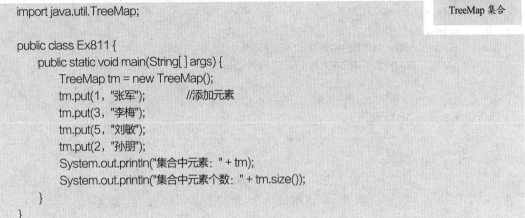

图 8-12　例 8-11 程序运行结果

通过运行结果可以看到，集合中的元素按键升序排列。同样地，对 TreeMap 也可使用与 TreeSet 中类似的自然排序和定制排序。

【例 8-12】将 TreeMap 中的元素按键降序排列。

```java
import java.util.Comparator;
import java.util.TreeMap;

//自定义比较器实现降序排列
class MyComparator implements Comparator{
    public int compare(Object o1, Object o2) {
        Integer i1 = (Integer)o1;
        Integer i2 = (Integer)o2;
        return i2 – i1;
    }
}
```

```
public class Ex812 {
    public static void main(String[] args) {
        TreeMap tm = new TreeMap(new MyComparator());
        tm.put(1, "张军");          //添加元素
        tm.put(3, "李梅");
        tm.put(5, "刘敏");
        tm.put(2, "孙朋");
        System.out.println("集合中元素: " + tm);
        System.out.println("集合中元素个数: " + tm.size());
    }
}
```

运行结果如图 8-13 所示。

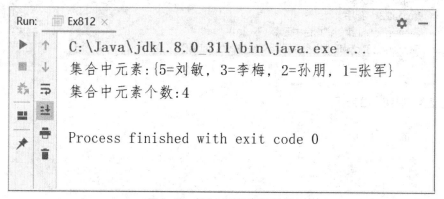

图 8-13　例 8-12 程序运行结果

从运行结果可以看到，集合中的元素按键降序排列。同样地，可以直接利用 Lambda 表达式实现定制排序。

【例 8-13】利用 Lambda 表达式实现定制排序，将集合元素按键降序排列。

```
import java.util.TreeMap;

public class Ex813 {
    public static void main(String[] args) {
        TreeMap tm = new TreeMap((o1, o2)->{
            Integer i1 = (Integer)o1;
            Integer i2 = (Integer)o2;
            return i2 - i1;
        });
        tm.put(1, "张军");          //添加元素
        tm.put(3, "李梅");
        tm.put(5, "刘敏");
        tm.put(2, "孙朋");
        System.out.println("集合中元素: " + tm);
        System.out.println("集合中元素个数: " + tm.size());
    }
}
```

运行结果与例 8-12 的运行结果相同，最终集合中的元素都能够按键降序排列。

8.2.5 集合遍历

针对不同的集合，Java 提供了几种不同的集合遍历方式。

1. Iterator 遍历集合

可以利用 Collection 中的 Iterator 来遍历集合中的元素。Iterator 主要用于迭代访问 Collection 中的元素，Iterator 对象也被称为迭代器。

使用 Iterator 遍历集合的主要过程如下。

（1）利用集合的 iterator()方法获得迭代器对象。

（2）使用迭代器对象的 hasNext()方法循环判断集合中是否存在下一个元素，如果存在，则调用其 next()方法将元素取出，否则说明已经到达了集合末尾，停止遍历集合。

【例 8-14】利用 Iterator 遍历 List 集合和 Set 集合。

```java
import java.util.ArrayList;
import java.util.Iterator;
import java.util.TreeSet;

public class Ex814 {
    public static void main(String[ ] args) {
        ArrayList list = new ArrayList();
        list.add(4);
        list.add(3);
        list.add(1);
        list.add(5);
        System.out.println("ArrayList 集合中元素: " + list);
        System.out.print("利用 Iterator 遍历 ArrayList: ");
        Iterator iterator = list.iterator();          //获取迭代器对象
        //循环判断集合中是否存在下一个元素
        while(iterator.hasNext()){
            Object obj = iterator.next();          //取出集合中的下一个元素
            System.out.print(obj + " ");
        }
        System.out.println();
        TreeSet ts = new TreeSet();
        ts.add(3);
        ts.add(2);
        ts.add(5);
        System.out.println("TreeSet 集合中元素: " + ts);
        System.out.print("利用 Iterator 遍历 TreeSet: ");
        Iterator iterator2 = ts.iterator();          //获取迭代器对象
        //循环判断集合中是否存在下一个元素
        while(iterator2.hasNext()){
            Object obj = iterator2.next();          //取出集合中的下一个元素
            System.out.print(obj + " ");
        }
    }
}
```

集合遍历

运行结果如图 8-14 所示。

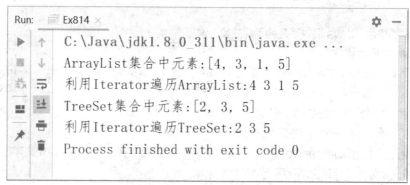

图 8-14　例 8-14 程序运行结果

使用 Iterator 不仅可以遍历 List 集合与 Set 集合，还可以遍历 Map 集合。但 Map 集合中的元素是键值对形式的，即有键和值，相当于两个数据对象，不能直接利用 Iterator 迭代（每次获得的是一个数据对象）。为了能够使用 Iterator 迭代集合中的元素有两种处理方式：一是利用 Map 集合的 keySet()方法得到集合中的所有键（为一个 Set 集合），然后利用 Iterator 迭代键集合，再根据键获取对应的值；二是利用 Map 集合的 entrySet()方法将整个 Map 集合转换为 Set 集合，Set 集合中的每个元素都是包含键和值的整体数据，然后利用 Iterator 迭代每个元素，再从每个元素中取出相应的键和值。

【例 8-15】利用 Iterator 遍历 Map 集合。

```java
import java.util.HashMap;
import java.util.Iterator;
import java.util.Map;
import java.util.Set;

public class Ex815 {
    public static void main(String[] args) {
        HashMap hm = new HashMap();
        hm.put(1，"Tom");
        hm.put(2，"Lilly");
        hm.put(3，"Rose");
        System.out.println("Map 集合中元素: " + hm);
        System.out.println("利用 Iterator 遍历集合方式 1: ");
        Set keySet = hm.keySet();            //获取键集合
        Iterator it = keySet.iterator();
        while(it.hasNext()){
            Object key = it.next();          //迭代器中的每个元素都是键
            Object value = hm.get(key);      //根据键获取对应的值
            System.out.println(key + ": " + value);
        }
        System.out.println("利用 Iterator 遍历集合方式 2: ");
        Set entrySet = hm.entrySet();        //将键值对作为一个整体数据转换成 Set 集合
        Iterator it2 = entrySet.iterator();
        while(it2.hasNext()){
```

```
                Map.Entry entry = (Map.Entry)(it2.next());   //每个元素是包含键值的整体数据
                Object key = entry.getKey();                 //从整体数据中取出键
                Object value = entry.getValue();             //从整体数据中取出值
                System.out.println(key + "-" + value);
            }
        }
}
```

运行结果如图 8-15 所示。

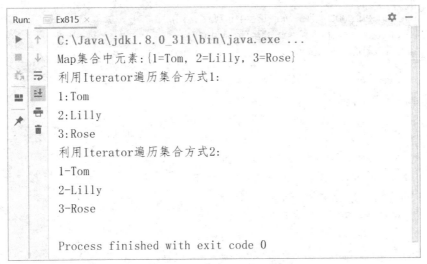

图 8-15　例 8-15 程序运行结果

2. forEach 遍历集合

可利用集合的 forEach()方法来遍历集合。forEach()方法的参数是一个函数式接口，可直接利用 Lambda 表达式实现。

【例 8-16】forEach 遍历集合。

```java
import java.util.ArrayList;
import java.util.TreeMap;
import java.util.TreeSet;

public class Ex816 {
    public static void main(String[] args) {
        ArrayList list = new ArrayList();
        list.add(3);
        list.add(2);
        list.add(5);
        System.out.println("ArrayList 集合中元素: " + list);
        System.out.print("forEach 遍历 ArrayList 集合: ");
        list.forEach(obj-> System.out.print(obj + " "));
        System.out.println();
        TreeSet ts = new TreeSet();
        ts.add(3);
        ts.add(2);
```

```
        ts.add(5);
        System.out.println("TreeSet 集合中元素: " + ts);
        System.out.print("forEach 遍历 TreeSet 集合: ");
        ts.forEach(obj-> System.out.print(obj + " "));
        System.out.println();
        TreeMap tm = new TreeMap();
        tm.put(3, "lilly");
        tm.put(2, "tom");
        tm.put(4, "rose");
        System.out.println("TreeMap 集合中元素: " + tm);
        System.out.println("forEach 遍历 TreeMap 集合: ");
        tm.forEach((key, value)-> System.out.println(key + ": " + value));
    }
}
```

运行结果如图 8-16 所示。

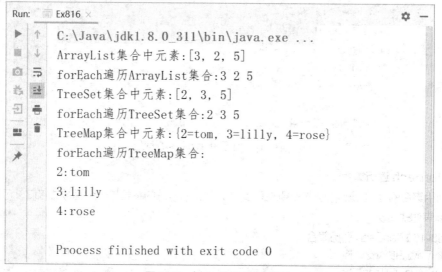

图 8-16　例 8-16 程序运行结果

3. foreach 循环遍历集合

以上两种方法是遍历集合比较常用的。当然对一些集合的遍历也可以使用前面介绍的 foreach 循环来实现。

【例 8-17】利用 foreach 循环遍历集合。

```
import java.util.ArrayList;
import java.util.TreeMap;
import java.util.TreeSet;

public class Ex817 {
    public static void main(String[] args) {
        ArrayList list = new ArrayList();
        list.add(3);
        list.add(2);
        list.add(5);
```

```
System.out.println("ArrayList 集合中元素: " + list);
System.out.print("foreach 遍历 ArrayList 集合: ");
for(Object i : list){
    System.out.print(i + " ");
}
System.out.println();
TreeSet ts = new TreeSet();
ts.add(3);
ts.add(2);
ts.add(5);
System.out.println("TreeSet 集合中元素: " + ts);
System.out.print("foreach 遍历 TreeSet 集合: ");
for(Object s : ts){
    System.out.print(s + " ");
}
System.out.println();
TreeMap tm = new TreeMap();
tm.put(3，"lilly");
tm.put(2，"tom");
tm.put(4，"rose");
System.out.println("TreeMap 集合中元素: " + tm);
System.out.println("foreach 遍历 TreeMap: ");
for(Object key : tm.keySet()){
    System.out.println(key + ": " + tm.get(key));
}
    }
}
```

运行结果如图 8-17 所示。

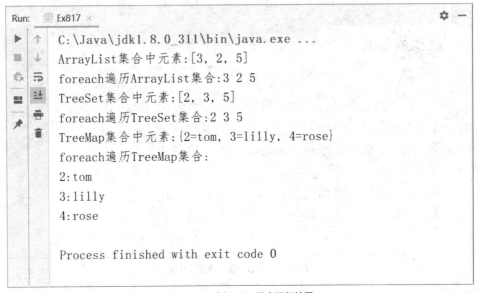

图 8-17　例 8-17 程序运行结果

4. for 循环遍历集合

对于 List 集合，由于其是有序集合，所以可直接利用索引来访问每个元素，因此也可直接利用普通 for 循环通过索引方式遍历。

【例 8-18】利用 for 循环遍历 List 集合。

```java
import java.util.ArrayList;
import java.util.LinkedList;

public class Ex818 {
    public static void main(String[] args) {
        ArrayList al = new ArrayList();
        al.add(3);
        al.add(2);
        al.add(4);
        System.out.println("ArrayList 集合中元素：" + al);
        System.out.print("for 循环遍历 ArrayList 集合：");
        for(int i = 0;i < al.size();i++){
            System.out.print(al.get(i) + " ");
        }
        System.out.println();
        LinkedList ll = new LinkedList();
        ll.add(30);
        ll.add(20);
        ll.add(40);
        System.out.println("LinkedList 集合中元素：" + ll);
        System.out.print("for 循环遍历 LinkedList 集合：");
        for(int i = 0;i < ll.size();i++){
            System.out.print(ll.get(i) + " ");
        }
    }
}
```

运行结果如图 8-18 所示。

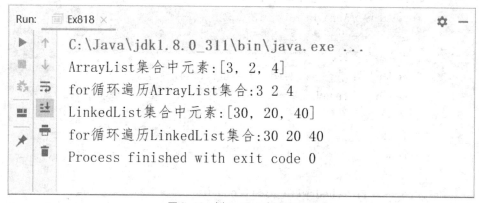

图 8-18　例 8-18 程序运行结果

8.2.6 泛型

集合可以存储任意类型的对象，但是当把一个对象存入集合后，集合会"忘记"
这个对象的类型，当将该对象从集合中取出时，这个对象的编译类型就统一变成了
Object 类型。换句话说，在程序中无法确定一个集合中的元素到底是什么类型，在
取出元素时，如果进行强制类型转换就很容易出错，如例 8-19 所示。

泛型

【例 8-19】集合中的强制类型转换。

```
import java.util.ArrayList;

public class Ex819 {
    public static void main(String[] args) {
        ArrayList list = new ArrayList();
        list.add(3);                    //添加 Integer 对象
        list.add(4);
        list.add("stu1");               //添加 String 对象
        for(Object obj : list){
            Integer i = (Integer)obj;   //强制转换成 Integer 对象
            System.out.println(i);
        }
    }
}
```

运行结果如图 8-19 所示。

```
Run:    Ex819 ×
    ↑   C:\Java\jdk1.8.0_311\bin\java.exe ...
    ↓   3
    ⇥   4
        Exception in thread "main" java.lang.ClassCastException: java.lang.String cannot be cast to java.lang.Integer
            at chap08.Ex819.main(Ex819.java:12)

        Process finished with exit code 1
```

图 8-19 例 8-19 程序运行结果

在例 8-19 中，向 List 集合存入了 3 个元素，分别是 2 个 Integer 对象和 1 个 String 对象。在取出
这些元素时将它们强制转换为 Integer 类型，由于 String 对象无法转换为 Integer 对象，因此程序运行
时抛出了异常。即如果集合中存放的元素类型不一致，则在进行强制类型转换时，编译可能没有问题，
但运行时会出错。为了解决此类问题，Java 引入了"参数化类型"这个概念，即泛型。泛型可以限定要
操作的数据类型，在定义集合类时，可以使用"<参数化类型>"的方式指定该集合中存储的数据类型，
具体格式如下（以 ArrayList 集合为例）。

ArrayList<参数化类型> list = new ArrayList<>();

使用泛型限定集合中可存储的元素类型后，当集合中元素的类型与声明中的不一样时，会出现编译
错误，这样就避免了程序在运行时出错。例如，将例 8-19 中的集合声明语句改为如下形式。

ArrayList<Integer> list = new ArrayList<>();

代码修改后，程序在编译时会出现错误提示，如图 8-20 所示。

```
3     import java.util.ArrayList;
4
5  ▶  public class Ex819 {
6  ▶      public static void main(String[] args) {
7             //ArrayList list = new ArrayList();
8             ArrayList<Integer> list = new ArrayList<>();
9             list.add(3);                    //添加Integer对象
10            list.add(4);
11            list.add("stu1");               //添加String对象
12            for(Object obj    ┌──────────────────────────────────────────────┐
13                Integer i     │ Required type:    Integer                    ⋮│
14                System.out    │ Provided:         String                      │
15            }                 │──────────────────────────────────────────────│
16        }                     │ Change variable 'list' type to 'ArrayList<String>'  Alt+Shift+Enter   More actions...  Alt+Enter │
17    }                         └──────────────────────────────────────────────┘
```

图 8-20　例 8-19 修改后编译错误

在图 8-20 中，程序编译报错的原因是 ArrayList<Integer>限定了集合元素的类型为 Integer，因此向集合添加 String 对象时，编译无法通过，这样可以在编译时发现问题，避免程序运行时发生异常。

使用泛型后，在遍历集合中的元素时可以直接指定元素类型为声明中的类型，而无须使用 Object 类型，从而避免在程序中进行强制类型转换。

【例 8-20】泛型的使用示例。

```java
import java.util.ArrayList;

public class Ex820 {
    public static void main(String[] args) {
        ArrayList<Integer> list = new ArrayList<>();
        list.add(3);
        list.add(4);
        list.add(2);
        for(Integer i : list){
            System.out.print(i + " ");
        }
    }
}
```

运行结果如图 8-21 所示。

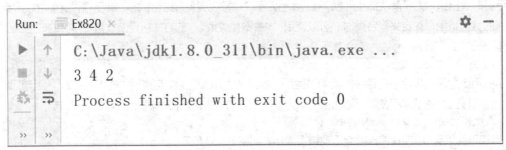

图 8-21　例 8-20 程序运行结果

8.2.7 Collections 和 Arrays 工具类

在实际编程中，对集合和数组的一些操作使用非常频繁，如求最值、排序、反转等，对于这些常用功能，Java 提供了相应的工具类 Collections 和 Arrays，这两个工具类提供了大量静态方法用来方便地对集合和数组进行操作。

Collections
工具类

1. Collections 工具类

Collections 工具类位于 java.util 包中，该类提供了大量的静态方法用于对 Collection 集合进行操作，其常用方法如表 8-7 所示。

表 8-7 Collections 常用方法

方法声明	功能描述
static <T> boolean addAll(Collection<? super T>c，T... elements)	将所有指定元素添加到集合 c 中
static void reverse(List list)	将 list 集合中的元素顺序反转
static void shuffle(List list)	将 list 集合中的元素顺序打乱，随机排列
static void sort(List list)	对 list 集合中的元素进行排序
static void swap(List list，int i，int j)	交换 list 集合中索引为 i 和 j 的元素
static int binarySearch(List list，Object key)	使用二分法查找指定对象在 list 集合中的索引，要求 list 集合中的元素必须是有序的（升序）
static Object max(Collection col)	返回集合中最大的元素
static Object min(Collection col)	返回集合中最小的元素
static boolean replaceAll(List list，Object oldVal，Object newVal)	将 list 集合中的所有 oldVal 替换成 newVal

说明：使用 sort()方法排序时默认是升序排列，可通过传入自定义比较器来实现定制排序。

【例 8-21】Collections 常用方法应用示例。

```java
import java.util.ArrayList;
import java.util.Collections;

public class Ex821 {
    public static void main(String[] args) {
        ArrayList<Integer> list = new ArrayList<>();
        Collections.addAll(list，4，3，2，6，5，3);       //添加元素到集合中
        System.out.println("集合中元素: " + list);
        System.out.println("最大元素: " + Collections.max(list));
        System.out.println("最小元素: " + Collections.min(list));
        Collections.replaceAll(list，3，9);               //替换元素
        System.out.println("替换后: " + list);
        Collections.sort(list);                          //升序排列
        System.out.println("升序排列后: " + list);
        System.out.println("5 在集合中的索引是: " + Collections.binarySearch(list，5));
        Collections.reverse(list);                       //反转
        System.out.println("反转后: " + list);
        Collections.shuffle(list);                       //随机打乱顺序
```

```
            System.out.println("打乱顺序后: " + list);
            Collections.sort(list，(o1，o2)->o2-o1);          //自定义比较器实现降序排列
            System.out.println("降序排列后: " + list);
            Collections.swap(list，0，list.size()-1);          //交换集合中的首尾元素
            System.out.println("首尾元素交换后: " + list);
    }
}
```

运行结果如图 8-22 所示。

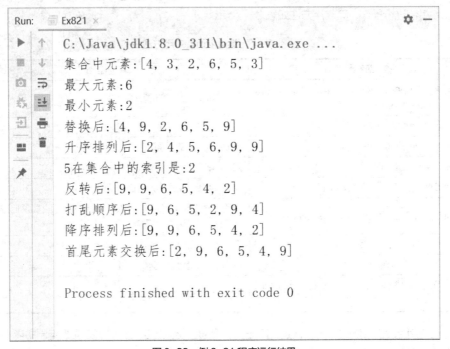

图 8-22　例 8-21 程序运行结果

Arrays 工具类

2. Arrays 工具类

　　Arrays 工具类也位于 java.util 包中，该类提供了若干用于对数组进行操作的静态方法，其常用方法如表 8-8 所示。

表 8-8　Arrays 常用方法

方法声明	功能描述
static int binarySearch(Object[] a，Object key)	使用二分法搜索指定元素在数组中的索引，数组必须是升序的
static<T> T[] copyOfRange(T[] original, int from, int to)	复制数组中指定范围内的元素，from 表示起始位置，to 表示结束位置（不包括在内）
static String toString(Object[] a)	将数组转换成字符串
static void sort(Object[] a)	对数组中的元素进行升序排列

【例 8-22】Arrays 常用方法应用示例。

```
import java.util.Arrays;
```

```java
import java.util.Comparator;

public class Ex822 {
    public static void main(String[] args) {
        Integer[] arr = {3, 2, 5, 6, 1, 8, 7, 4};
        System.out.println("数组中内容: " + Arrays.toString(arr));
        Arrays.sort(arr);           //升序排列
        System.out.println("升序排列后: " + Arrays.toString(arr));
        System.out.println("元素 5 在数组中索引: " + Arrays.binarySearch(arr, 5));
        /*  自定义比较器实现降序排列
        Arrays.sort(arr, new Comparator<Integer>() {
            @Override
            public int compare(Integer o1, Integer o2) {
                return o2 - o1;
            }
        });
        */
        Arrays.sort(arr, (o1, o2)->o2-o1);      //降序排列（利用 Lambda 表达式实现）
        System.out.println("降序排列后: " + Arrays.toString(arr));
        Integer[] arr2 = Arrays.copyOfRange(arr, 2, 5);  //复制指定范围内的元素
        System.out.println("复制数组中[2，5)的元素为: " + Arrays.toString(arr2));
    }
}
```

运行结果如图 8-23 所示。

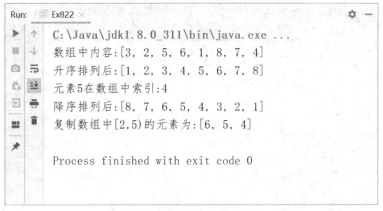

图 8-23　例 8-22 程序运行结果

Arrays 工具类中的 sort() 方法默认也是升序排列的，同样可通过传入自定义比较器的方式实现定制排序。

8.2.8　聚合操作

在实际开发中，经常会涉及对集合、数组中元素的操作，在 JDK 8 之前都是通过普通的循环遍历出每一个元素，然后结合 if 条件语句选择性地对元素进行查找、过滤、修改等操作，这种原始的操作方法虽然可行，但是代码量较大并且执行效率较低。

聚合操作

为此，JDK 8 新增了一个 Stream 接口，该接口可以将集合、数组中的元素转换为 Stream 流对象，并结合 Lambda 表达式来进一步简化集合、数组中元素的查找、过滤、转换等操作，这一功能就是聚合操作。

根据实际操作流程，聚合操作大体可以分为以下 3 个过程：

（1）将原始集合或者数组对象转换为 Stream 流对象；

（2）对 Stream 流对象中的元素进行一系列的过滤、查找等中间操作，然后返回一个 Stream 流对象；

（3）对 Stream 流进行遍历、统计、收集等终结操作，获取想要的结果。

【例 8-23】聚合操作基本使用示例。

```java
import java.util.ArrayList;
import java.util.stream.Stream;

public class Ex823 {
    public static void main(String[] args) {
        ArrayList<String> list = new ArrayList<>();
        list.add("王军");
        list.add("王明");
        list.add("刘敏");
        list.add("王朋");
        list.add("王小田");
        //创建 Stream 流对象
        Stream<String> stream = list.stream();
        //对 Stream 流中的元素进行过滤、截取操作
        Stream<String> stream2 = stream.filter(obj -> obj.startsWith("王"));
        Stream<String> stream3 = stream2.limit(2);
        //对 Stream 流中的元素进行终结操作，遍历输出
        stream3.forEach(obj-> System.out.println(obj));
    }
}
```

运行结果如图 8-24 所示。

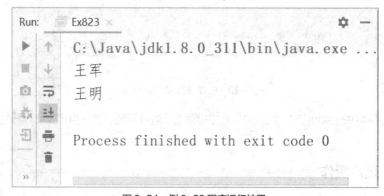

图 8-24 例 8-23 程序运行结果

上述程序的功能是从一个存放姓名的集合中找出所有姓王的元素，然后取前 2 个输出。

聚合操作支持链式调用，即调用有返回值的方法时不获取返回值而直接调用另一个方法，采用此种

方式会使程序更加简洁、高效。例如，将上述程序中的聚合操作采用链式调用，修改后的代码如下。

【例 8-24】使用链式调用完成聚合操作。

```java
import java.util.ArrayList;

public class Ex824 {
    public static void main(String[] args) {
        ArrayList<String> list = new ArrayList<>();
        list.add("王军");
        list.add("王明");
        list.add("刘敏");
        list.add("王朋");
        list.add("王小田");
        //使用链式调用完成聚合操作
        list.stream().filter(obj->obj.startsWith("王"))
                .limit(2)
                .forEach(obj-> System.out.println(obj));
    }
}
```

1. 创建 Stream 流对象

聚合操作就是针对可迭代数据（如集合、数组等）进行的操作，所以创建 Stream 流对象其实就是将集合、数组中的元素通过一些方法转换为 Stream 流对象。

针对不同的数据源，Java 提供了多种创建 Stream 流对象的方式，具体如下。

（1）对于 Collection 集合，可以使用集合对象的 stream()方法获取 Stream 流对象。

（2）对于基本类型，包装类数组、引用类型数组，可以使用 Stream 接口的 of()静态方法来获取 Stream 流对象。

创建 Stream
流对象

（3）对于数组，也可以使用 Arrays 工具类的 stream()静态方法来获取 Stream 流对象。

【例 8-25】创建 Stream 流对象。

```java
import java.util.Arrays;
import java.util.List;
import java.util.stream.Stream;

public class Ex825 {
    public static void main(String[] args) {
        Integer[] arr = {5, 3, 2, 1, 6, 7, 8};
        List<Integer> list = Arrays.asList(arr);          //将数组转换为 List 集合
        //使用集合对象的 stream()方法创建 Stream 流对象
        Stream<Integer> stream1 = list.stream();
        stream1.forEach(obj-> System.out.print(obj + " "));
        System.out.println();
        //使用 Stream 接口的 of()静态方法创建 Stream 流对象
        Stream<Integer> stream2 = Stream.of(arr);
        stream2.forEach(obj-> System.out.print(obj + " "));
        System.out.println();
        //使用 Arrays 工具类的 stream()静态方法创建 Stream 流对象
```

```
        Stream<Integer> stream3 = Arrays.stream(arr);
        stream3.forEach(obj-> System.out.print(obj + " "));
    }
}
```

运行结果如图 8-25 所示。

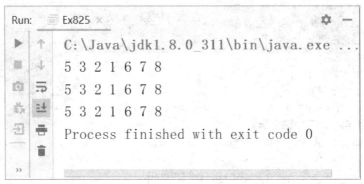

图 8-25　例 8-25 程序运行结果

 提示　对于 Map 集合对象，Java 没有提供相应的 stream() 方法直接将其转换为 Stream 流对象，可先通过 Map 集合的 keySet()、values()、entrySet() 等方法将 Map 集合转换为单列 Set 集合，再使用单列集合的 stream() 方法来创建相应的 Stream 流对象。

Stream 流
常用方法

2. Stream 流常用方法

　　Java 为聚合操作中的 Stream 流对象提供了非常丰富的操作方法，这些方法被划分为中间操作和终结操作两种类型。这两种类型操作方法的根本区别就是方法的返回值，只要返回值类型不是 Stream 流对象的操作就是终结操作，而其他的操作属于中间操作（其返回值仍然是一个 Stream 流对象）。Stream 流常用方法如表 8-9 所示。

表 8-9　Stream 流常用方法

方法声明	功能描述
Stream<T> filter(Predicate<? super T>　predicate)	对流中的元素进行过滤，筛选满足条件的元素
Stream<R> map(Function<? super T，? extends R> mapper)	对流中的元素按指定规则转换
Stream<T> distinct()	删除流中的重复元素
Stream<T> sorted()	对流中的元素按自然顺序升序排列
Stream<T> limit(long maxSize)	截取流中前 maxSize 个元素
Stream<T> skip(long n)	跳过流中的前 n 个元素
static <T> Stream<T> concat(Stream<? extends T> a, Stream<? extends T> b)	将两个流对象合并为一个流对象
long count()	统计流中元素的个数
R collect(Collector<? super T，A，R> collector)	将流中的元素收集到一个容器中（如集合）
Object[] toArray()	将流对象转换为数组
void forEach(Consumer<? super T> action)	遍历流中的元素

说明如下。

（1）一个 Stream 流对象可以连续进行多次中间操作，仍会返回一个流对象，但一个流对象只能进行一次终结操作，并且一旦进行终结操作后，该流对象将不复存在。

（2）在进行聚合操作时，只是改变 Stream 流对象中的数据，并不会改变原始集合或数组中的源数据。

接下来通过几个具体实例来演示 Stream 流常用方法的使用。

【例 8-26】从一组姓名中查找以"张"开头且长度大于 2 的姓名。

```java
import java.util.stream.Stream;

public class Ex826 {
    public static void main(String[] args) {
        Stream<String> stream = Stream.of("张月", "张小明", "王军", "刘梅", "张田田", "张大军");
        stream.filter(obj -> obj.startsWith("张")&&obj.length()>2)
                .forEach(obj -> System.out.println(obj));
    }
}
```

运行结果如图 8-26 所示。

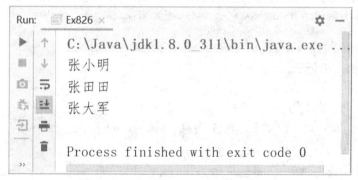

图 8-26　例 8-26 程序运行结果

提示　对多个条件的过滤，既可以在一个 filter()方法中用逻辑运算符将多个条件组合，也可以多次调用 filter()方法。

【例 8-27】从一组字符串中查找包含"a"且长度大于 4 的字符串，将其全部转换成大写。

```java
import java.util.stream.Stream;

public class Ex827 {
    public static void main(String[] args) {
        Stream<String> stream = Stream.of("apple", "banana", "peach", "orange", "egg");
        stream.filter(obj -> obj.contains("a"))
                .filter(obj -> obj.length() > 4)
                .map(obj -> obj.toUpperCase())
                .forEach(obj -> System.out.print(obj + " "));
    }
}
```

运行结果如图 8-27 所示。

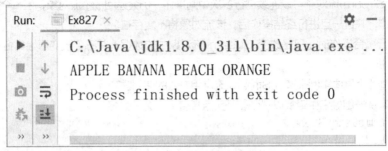

图 8-27　例 8-27 程序运行结果

【例 8-28】将一组整数去重后升序排列，然后取其第 2~5 个元素。

```
import java.util.stream.Stream;

public class Ex828 {
    public static void main(String[ ] args) {
        Stream<Integer> stream = Stream.of(3, 2, 4, 4, 3, 5, 1, 6);
        //stream.distinct().sorted().skip(1).limit(4).forEach(obj -> System.out.println(obj));
        stream.distinct().sorted().skip(1).limit(4).forEach(System.out:: println);
    }
}
```

运行结果如图 8-28 所示。

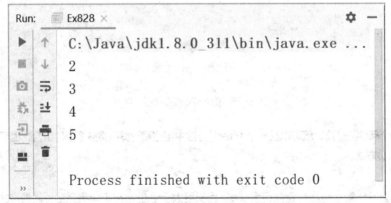

图 8-28　例 8-28 程序运行结果

【例 8-29】将一组整数中的所有偶数收集到列表中，所有奇数收集到字符串中，在字符串中用 "-"
分隔各个数字。

```
import java.util.List;
import java.util.stream.Collectors;
import java.util.stream.Stream;

public class Ex829 {
    public static void main(String[ ] args) {
        Stream<Integer> stream = Stream.of(1, 3, 5, 4, 6, 8, 9, 10, 12);
        //筛选出所有的偶数并将其收集到列表中
```

```
        List<Integer> list = stream.filter(obj -> obj % 2 == 0).collect(Collectors.toList());
        System.out.println("列表中内容: " + list);
        //筛选出所有的奇数并将其收集到字符串中，以 "-" 分隔
        Stream<Integer> stream2 = Stream.of(1, 3, 5, 4, 6, 8, 9, 10, 12);
        String str = stream2.filter(obj -> obj % 2 != 0)
                .map(obj -> obj.toString())
                .collect(Collectors.joining("-"));
        System.out.println("字符串中内容: " + str);
    }
}
```

运行结果如图 8-29 所示。

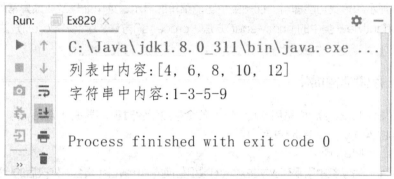

图 8-29　例 8-29 程序运行结果

【例 8-30】统计一组字符串中以 "a" 开头的字符串的个数。

```
import java.util.stream.Stream;

public class Ex830 {
    public static void main(String[] args) {
        String[] strings = {"any", "all", "banana", "peach", "egg", "apple"};
        Stream<String> stream = Stream.of(strings);
        long count = stream.filter(obj -> obj.startsWith("a")).count();
        System.out.println("字符串中以 a 开头的字符串个数是: " + count);
    }
}
```

运行结果如图 8-30 所示。

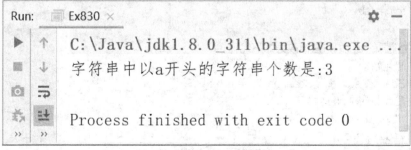

图 8-30　例 8-30 程序运行结果

8.3 任务实施

本任务需要将已有的学生信息管理系统中的存储结构数组换用一种更加方便、灵活的数据结构来存放学生对象，然后基于新的数据存储结构实现学生信息的添加、删除、修改、查找和显示等功能。

经过综合考虑，项目组决定采用 ArrayList 集合作为学生信息管理系统的数据结构，采用 ArrayList 集合存放学生对象，可方便地进行学生对象的添加、删除、修改及查找。由于 ArrayList 集合本身已经提供了元素的添加、删除、修改等操作，无须再自行实现，因此原系统设计模式中的控制器类无须再自行实现（即 StudentList 类不再需要），只需要模型类（Student 类）和视图类（StudentView 类）即可。模型类不需要改变，将视图类基于新的存储结构重新实现学生信息的添加、删除、修改、显示和查找功能即可。视图类中功能菜单的显示、菜单处理及成绩异常处理不需要改变，即原 StudentView 类中的 printMenu()方法、process()方法、enterScore()方法和 main()方法不需要改变。

8.3.1 存储结构优化

在视图类 StudentView 中采用 ArrayList 集合存放学生对象，要使用 ArrayList，需要先导入 java.until 包中的 ArrayList，导入代码如下。

```
import java.util.ArrayList;
```

将原 StudentView 类中用于存放学生对象的数组替换成 ArrayList 集合，修改后的代码如下。

```
private ArrayList<Student> stuList = new ArrayList<>();
```

8.3.2 基于新存储结构的学生信息添加

在添加学生信息时同样需要先判断用户输入的学号是否已经存在，如果已经存在，则给出相应的提示，如果不存在，则添加相应的学生信息。判断学号是否存在不再使用原来的 find()方法，而是在 StudentView 类中重新定义一个 idExists()方法用于判断学号是否存在，代码如下。

```
private boolean idExists(String id){
        for(int i = 0;i < stuList.size();i++) {
            Student s = stuList.get(i);
            if (s.getId().equals(id)){
                return true;
            }
        }
        return false;
    }
```

添加学生信息的 add()方法修改为如下代码。

```
public void add(){
        Scanner sc = new Scanner(System.in);
        System.out.print("学号：");
        String id = sc.next();
        if (idExists(id)){
            System.out.println("---该学生已存在---");
        }else {
```

```
                System.out.print("姓名: ");
                String name = sc.next();
                int math = enterScore("数学: ");
                int chinese = enterScore("语文: ");
                int english = enterScore("英语: ");
                Student s = new Student(id, name, math，chinese，english);
                stuList.add(s);
                System.out.println("---添加成功---");
        }
    }
```

8.3.3 基于新存储结构的学生信息删除

删除学生信息的 delete()方法修改为如下代码。

```
public void delete(){
        Scanner sc = new Scanner(System.in);
        System.out.print("请输入要删除的学生学号: ");
        String id = sc.next();
        if(idExists(id)){
            for(int i = 0;i < stuList.size();i++){
                Student s = stuList.get(i);
                if (s.getId().equals(id)){
                    stuList.remove(i);
                    System.out.println("---删除成功---");
                    break;
                }
            }
        }else{
            System.out.println("---该学生不存在---");
        }
    }
```

8.3.4 基于新存储结构的学生信息修改

修改学生信息的 modify()方法修改为如下代码。

```
public void modify(){
        Scanner sc = new Scanner(System.in);
        System.out.print("请输入要修改的学生学号: ");
        String id = sc.next();
        if (idExists(id)){
            System.out.print("姓名: ");
            String name = sc.next();
            int math = enterScore("数学: ");
            int chinese = enterScore("语文: ");
            int english = enterScore("英语: ");
            Student s = new Student(id, name, math，chinese，english);
            //遍历集合以修改对应的学生信息
```

189

```
        for (int i = 0; i < stuList.size(); i++) {
            Student stu = stuList.get(i);
            if (stu.getId().equals(id)) {
                stuList.set(i, s);
                System.out.println("---修改成功---");
                break;
            }
        }
    }else {
        System.out.println("---该学生不存在---");
    }
}
```

8.3.5　基于新存储结构的学生信息显示

显示学生信息的 show()方法修改为如下代码。

```
public void show(){
    System.out.println("学号\t 姓名\t 数学\t 语文\t 英语");
    for(Student s ：stuList){
        System.out.println(s.getId() + "\t" + s.getName() + "\t"
            + s.getMath() + "\t\t" + s.getChinese() + "\t\t" + s.getEnglish());
    }
}
```

8.3.6　基于新存储结构的学生信息查找

按姓氏进行模糊查找的 showByName()方法修改为如下代码。

```
public void showByName(){
    Scanner sc = new Scanner(System.in);
    System.out.print("请输入要查找的学生姓氏：");
    String name = sc.next();
    System.out.println("学号\t 姓名\t 数学\t 语文\t 英语");
    for(int i = 0; i < stuList.size(); i++){
        Student s = stuList.get(i);
        if(s.getName().startsWith(name)){
            System.out.println(s.getId() + "\t" + s.getName()
                + "\t" + s.getMath() + "\t\t"
                + s.getChinese() + "\t\t" + s.getEnglish());
        }
    }
}
```

8.3.7　系统测试

运行程序，测试系统各功能。

学生信息的添加和显示功能的测试结果如图 8-31 所示。

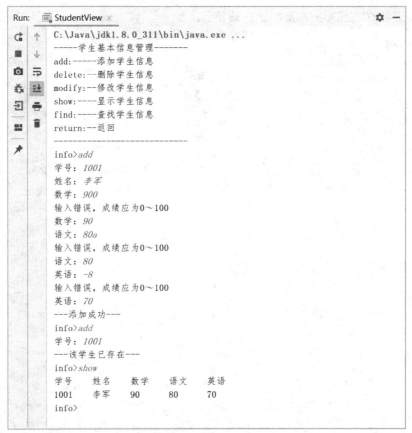

图 8-31 学生信息的添加和显示功能

学生信息的查找功能的测试结果如图 8-32 所示。

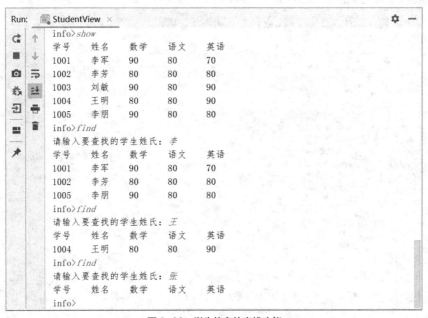

图 8-32 学生信息的查找功能

学生信息的修改功能的测试结果如图 8-33 所示。

图 8-33　学生信息的修改功能

学生信息的删除功能的测试结果如图 8-34 所示。

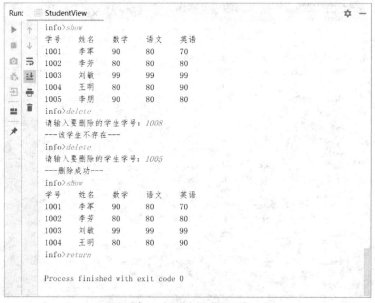

图 8-34　学生信息的删除功能

由以上程序运行结果可以看出，基于新的存储结构系统能够正确完成学生信息的添加、删除、修改、显示和查找功能。

8.4 任务小结

通过本任务的实施，我们了解和掌握了 Java 中集合的分类、特点、体系结构及常用实现类的基本操作和使用方法，能够根据不同业务需求选用合适的集合，能够熟练使用集合解决实际问题。善用工具类及聚合操作可大大简化对集合、数组等的操作。

8.5 练习题

一、填空题

1. 在创建 TreeSet 对象时，可以传入自定义比较器，自定义比较器需实现_____接口。
2. 下列程序段的输出结果是_____。

```
TreeSet<Integer> ts = new TreeSet<>();
ts.add(3);
ts.add(4);
ts.add(3);
System.out.println(ts.size());
```

3. Set 集合的主要实现类有_____ 和 TreeSet。
4. Collection 接口中用于获取集合元素个数的方法是_____。
5. Map 集合的主要实现类有 HashMap 和_____。

二、判断题

1. List 集合中存放的元素不允许重复。（　　　）
2. Set 集合中存放的元素是有次序的。（　　　）
3. 集合中存放的元素可以是基本数据类型。（　　　）
4. 利用 peekFirst()方法可获取 ArrayList 集合中的第一个元素。（　　　）
5. Map 集合中每个键对应的值不允许相同。（　　　）

三、选择题

1. 使用 Iterator 时，判断是否存在下一个元素的方法是_____。
    A. next()　　　　　　B. has()　　　　　　C. hash()　　　　　　D. hasNext()
2. 要想在集合中保存没有重复的元素并且按照一定的顺序排列，可以使用_____集合。
    A. ArrayList　　　　B. TreeSet　　　　　C. HashSet　　　　　D. HashMap
3. 下列程序段的输出结果是_____。

```
HashMap<Integer, Integer> hm = new HashMap<>();
hm.put(1, 10);
hm.put(2, 20);
hm.put(1, 20);
hm.put(3, 30);
hm.put(1, 40);
System.out.println(hm.keySet().size());
```

    A. 3　　　　　　　　B. 5　　　　　　　　C. 4　　　　　　　　D. 1

4. 下列程序段的输出结果是_____。

```
HashMap<Integer, Integer> hm = new HashMap<>();
hm.put(1，10);
hm.put(2，20);
System.out.println(hm.getOrDefault(3，30));
```

    A. 3   B. 30   C. 0   D. null

5. 以下叙述错误的是_____。

    A. Java 中的集合类都位于 java.util 包中

    B. List、Set 和 Map 接口都继承自 Collection 接口

    C. Set 接口的主要实现类有 HashSet 和 TreeSet

    D. HashMap 和 TreeMap 都是 Map 接口的实现类

四、上机练习题

1. 已知一个字符串中存放了若干用空格分隔的单词，统计每个单词出现的次数。

2. 统计一个字符串中各字符出现的次数。

3. 一个字符串中包含若干用空格分隔的整数，将其升序排列后输出。

4. 从一组字符串中查找包含字母"a"且长度大于 5 的字符串。

5. 统计一组整数中是 3 的倍数的数字个数。

8.6 拓展实践项目——基于 ArrayList 的商品基本信息管理模块实现

【实践描述】

现有的商品信息管理系统采用数组来存放商品信息，数组大小不能随意改变，在进行信息插入、删除时涉及大量的元素移动操作，这些操作都需要开发人员自行实现，使用起来不太方便。项目组需要对商品信息管理系统的存储结构进行优化，采用操作更加方便、灵活的集合来实现。

【实践要求】

将现有的商品信息管理系统中的存储结构数组换用 ArrayList 集合，然后基于新的数据存储结构 ArrayList 实现商品信息的添加、删除、修改、查找和显示功能。

任务9
数据的导入/导出（I/O流）

要想将程序中用到的数据长期保存，可将其存放到文件中，需要时从文件中直接读取。本部分内容将主要介绍 I/O 流及 File 类的使用。

教学与素养目标

- ➤ 积跬步、累小流，培养自主学习和终身学习能力
- ➤ 了解 I/O 流的分类及特点
- ➤ 理解 I/O 流的体系结构
- ➤ 掌握字节流和字符流的基本操作方法
- ➤ 掌握 File 类的基本操作方法
- ➤ 能够熟练使用字节流和字符流进行文件的读写操作
- ➤ 能够熟练使用 File 类完成文件和目录的操作

9.1 任务描述

本任务需要完成学生数据的导入/导出，将学生基本信息数据保存到文件中，需要时直接从文件中读取数据。要完成本任务，需要了解和掌握 Java 中 I/O 流的相关操作方法。

9.2 技术准备

在实际开发中，多数应用程序需要与外部设备进行数据交换，如从键盘输入数据或从文件中读取数据，将结果输出到显示器或文件中。数据在不同输入输出设备之间的传输连续不断，有点儿像水流，因此在 Java 中将这种不同输入输出设备之间的数据传输抽象表示为"流"，输入输出（Input/Output，I/O）流专门用于实现数据的输入输出操作。

根据流传输方向（以程序为基准）的不同，可分为输入流和输出流。输入流用于程序从流中读取数据，输出流用于程序向流中写数据。

根据流操作的数据单位的不同，可分为字节流和字符流。字节流以字节为单位进行数据读写，每次读写一个或多个字节数据；字符流以字符为单位进行数据读写，每次读写一个或多个字符数据。

Java 中的 I/O 流主要定义在 java.io 包中，该包定义了很多类，其中有 4 个类为流的顶层类，分别为 InputStream、OutputStream、Reader 和 Writer。InputStream 和 OutputStream 是字节流，Reader 和 Writer 是字符流。InputStream 和 Reader 是输入流，OutputStream 和 Writer 是输出流。这 4 个顶层类都是抽象类，是所有流的父类，其分类示意如图 9-1 所示。

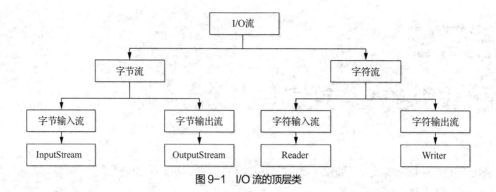

图 9-1　I/O 流的顶层类

9.2.1　字符流

字符流通常用于读写文本文件，其顶层抽象父类 Reader 和 Writer 下各有一些常用子类。Reader 的常用子类如图 9-2 所示。Writer 的常用子类如图 9-3 所示。

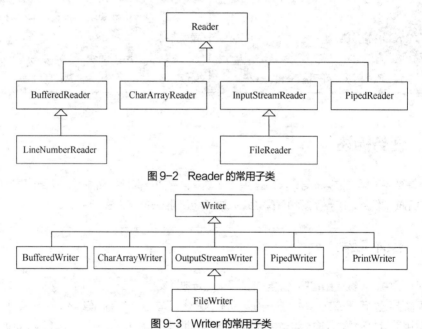

图 9-2　Reader 的常用子类

图 9-3　Writer 的常用子类

Reader 用于从输入流读取数据，其常用方法如表 9-1 所示。

表 9-1　Reader 的常用方法

方法声明	功能描述
int read()	从输入流读取一个字符，返回值为该字符对应的 Unicode 编码，当没有可用字符时，返回值为-1
int read(char[] cbuf)	从输入流读取若干字符到参数 cbuf 指定的字符数组中，返回的整数表示读取的字符数
abstract int read(char[] cbuf, int off,int len)	从输入流读取若干字符到指定字符数组中，off 指定字符数组开始保存数据的起始索引，len 表示读取的字符数
abstract void close()	关闭此输入流并释放与该流关联的所有系统资源

Writer 用于向输出流写数据，其常用方法如表 9-2 所示。

表 9-2　Writer 的常用方法

方法声明	功能描述
void write(int c)	向输出流写入一个字符
void write(String str)	向输出流写入一个字符串
void write(char[ ] cbuf)	将指定字符数组中的所有字符写到输出流
abstract void write(char[ ] cbuf, int off, int len)	将指定数组中从偏移量 off 开始的 len 个字符写入输出流
void write(String str, int off, int len)	将字符串 str 中从偏移量 off 开始的 len 个字符写入输出流
abstract void flush()	刷新此输出流并强制写入所有缓冲的输出字符
abstract void close()	关闭此输出流并释放与此流相关的所有系统资源

Reader 和 Writer 是字符流的顶层抽象类，读写文本文件时通常使用其子类 FileReader 和 FileWriter，或者具有缓冲功能的 BufferedReader 和 BufferedWriter。

1. FileReader 和 FileWriter

FileReader 用于从文本文件中读取一个或多个字符，FileWriter 用于向文本文件写入字符或字符串。这两个类的构造方法都有多个不同的重载方法，其中常用的是传入字符串类型的文件名来指定要操作的文件。

FileReader 和
FileWriter

> **提示**　在使用字符串类型的文件名时，目录分隔符建议使用斜线（/）表示，如 "D：/test/t01.txt"，而不用反斜线（\）表示，原因是反斜线在 Java 中是特殊字符，具有转义作用，所以要使用反斜线，前面需要再添加一个反斜线，如 "D：\\test\\t01.txt"，这样文件名写起来比较麻烦。

在进行数据读写操作时，可能会产生异常，需要进行异常处理，在此先选用直接抛出异常的简单处理方法。

【例 9-1】新建一个文本文件 t01.txt，向里面写入内容"百川东到海，何时复西归？"。

```
import java.io.FileWriter;
import java.io.IOException;

public class Ex901 {
    public static void main(String[ ] args) throws IOException {
        FileWriter fw = new FileWriter("D：/test/t01.txt");
        fw.write("百川东到海，何时复西归？\n");
        fw.close();
    }
}
```

程序运行后，在指定目录 D：/test 下生成了一个 t01.txt 文件，内容如图 9-4 所示。

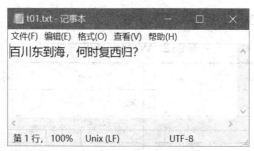

图9-4 t01.txt 文件内容

在实例化 FileWriter 对象时，如果指定的文件不存在，则首先创建一个文件，然后写入数据；如果指定的文件已经存在，则首先清空文件中的内容，然后写入数据。如果想在文件末尾追加数据，则使用构造方法 FileWriter(String fileName, boolean append)来实例化对象，同时将 append 参数的值设置为 true。

【例 9-2】在 t01.txt 文件末尾追加一行内容"少壮不努力，老大徒伤悲。"。

```java
import java.io.FileWriter;
import java.io.IOException;

public class Ex902 {
    public static void main(String[ ] args) throws IOException {
        FileWriter fw = new FileWriter("D: /test/t01.txt", true);
        fw.write("少壮不努力，老大徒伤悲。\n");
        fw.close();
    }
}
```

程序运行后，t01.txt 文件内容如图 9-5 所示。

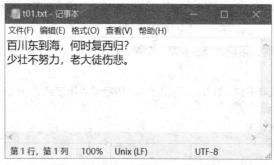

图9-5 追加内容后的 t01.txt 文件内容

【例 9-3】读取文件 t01.txt 中的内容，将其输出。

```java
import java.io.FileReader;
import java.io.IOException;

public class Ex903 {
    public static void main(String[ ] args) throws IOException {
        FileReader fr = new FileReader("D: /test/t01.txt");
        int len = 0;
        while((len = fr.read()) != −1){
```

```
        System.out.print((char)len);
    }
    fr.close();
  }
}
```

程序运行结果如图 9-6 所示。

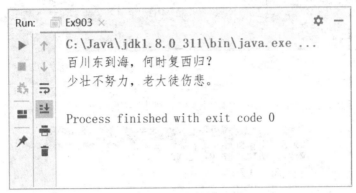

图 9-6　例 9-3 程序运行结果

说明如下。

（1）实例化 FileReader 对象时，可直接用字符串指明要读取的文件名，如果指定的文件不存在，则抛出异常。

（2）read() 方法返回 int 类型的数据（字符对应的 Unicode 编码），要输出字符需要进行强制类型转换。

前面几个示例在读写文件时是逐个字符进行的，效率相对较低。为提高操作效率，可一次读写若干个字符，通常定义一个字符数组作为缓冲区，一次读取若干个字符并将其放到字符数组中，然后将字符数组中的所有字符一次性写入文件中。

【例 9-4】通过一次读写若干个字符实现文本文件的复制。设有一个文本文件 score.txt，其内容如图 9-7 所示。

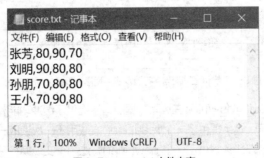

图 9-7　score.txt 文件内容

```
import java.io.FileReader;
import java.io.FileWriter;
import java.io.IOException;

public class Ex904 {
```

```
public static void main(String[ ] args) throws IOException {
    FileReader fr = new FileReader("D: /test/score.txt");
    FileWriter fw = new FileWriter("D: /test/score_bak.txt");
    int len = 0;
    char[ ] cbuf = new char[1024];
    while((len = fr.read(cbuf)) != −1){
        fw.write(cbuf, 0, len);
    }
    fr.close();
    fw.close();
}
}
```

运行程序后，自动生成一个 score_bak.txt 文件，其内容如图 9-8 所示。

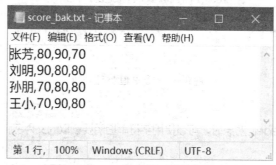

图 9-8　score_bak.txt 文件内容

2. BufferedReader 和 BufferedWriter

BufferedReader 和
BufferedWriter

除了可以采用一次读写若干字符来提高文件读写速度，Java 还提供了带缓冲区的字符缓冲流，分别是 BufferedReader 和 BufferedWriter。BufferedReader 用于对字符输入流进行操作，BufferedWriter 用于对字符输出流进行操作，它们的构造方法中分别接收 FileReader 和 FileWriter 类型的参数。字符缓冲流与字符流及应用程序、设备之间的关系如图 9-9 所示。

图 9-9　字符缓冲流与字符流及应用程序、设备之间的关系

BufferedReader 和 BufferedWriter 在读写数据时直接提供了缓冲功能，无须自行创建字符数组作为缓冲区。同时 BufferedReader 提供了一个 readLine()方法用于一次读取一行文本，当读取不到内容时返回值为 null；BufferedWriter 提供了一个 newLine()方法用于实现换行写入，该方法能够根据不同的操作系统生成相应的换行符。

【例 9-5】利用 BufferedReader 和 BufferedWriter 实现文本文件的复制。

```
import java.io.*;

public class Ex905 {
    public static void main(String[ ] args) throws IOException {
```

```
        BufferedReader br = new BufferedReader(new FileReader("D：/test/score.txt"));
        BufferedWriter bw = new BufferedWriter(new FileWriter("D：/test/score_bak1.txt"));
        String str = null;
        while((str = br.readLine()) != null ){
            bw.write(str);
            bw.newLine();
        }
        br.close();
        bw.close();
    }
}
```

运行程序后，自动生成 score_bak1.txt 文件，其内容如图 9-10 所示。

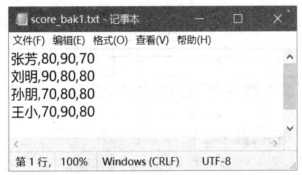

图 9-10   score_bak1.txt 文件内容

9.2.2   字节流

字节流主要用于操作二进制文件，以字节为单位进行读写操作。我们平时经常使用的图片、音视频、Word 文档等文件都是二进制文件。文本文件可以看作一种比较特殊的二进制文件，除了可以使用字符流来操作，也可以使用字节流进行操作。

字节流的顶层父类是 InputStream 和 OutputStream，InputStream 是字节输入流，用于从流中读取数据；OutputStream 是字节输出流，用于向流中写数据。

InputStream 常用方法如表 9-3 所示。

表 9-3   InputStream 常用方法

方法声明	功能描述
int read()	从输入流读取一字节，将其转换为整数返回。当没有可用字节时，返回-1
int read(byte[ ] b)	从输入流读取若干字节到指定字节数组中，返回的整数表示读取的字节数目
int read(byte[ ] b，int off,int len)	从输入流读取若干字节到指定字节数组中,off 指定字节数组开始保存数据的起始索引，len 表示读取的字节数目
void close()	关闭输入流并释放与该流关联的所有系统资源

OutputStream 常用方法如表 9-4 所示。

表9-4 OutputStream 常用方法

方法声明	功能描述
void write(int b)	向输出流写入一字节
void write(byte[ ] b)	将指定字节数组的所有字节写到输出流
void write(byte[ ] b，int off，int len)	将指定字节数组中从偏移量 off 开始的 len 字节写入输出流
void flush()	刷新此输出流并强制写入所有缓冲的输出字节
void close()	关闭此输出流并释放与此流相关的所有系统资源

InputStream 和 OutputStream 这两个类虽然提供了一系列读写方法，但是这两个类是抽象类，不能被实例化，实际使用的是其相对应的子类。InputStream 的常用子类如图 9-11 所示，OutputStream 的常用子类如图 9-12 所示。

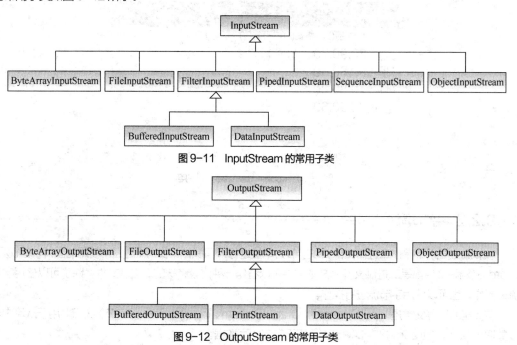

图 9-11 InputStream 的常用子类

图 9-12 OutputStream 的常用子类

1. FileInputStream 和 FileOutputStream

FileInputStream 和 FileOutputStream 是用于操作二进制文件的两个字节流，FileInputStream 是字节输入流，用于从文件中读取数据；FileOutputStream 是字节输出流，用于向文件中写数据。

FileInputStream 和
FileOutputStream

【例 9-6】利用 FileInputStream 和 FileOutputStream 实现文件的复制。

```java
import java.io.FileInputStream;
import java.io.FileOutputStream;
import java.io.IOException;

public class Ex906 {
    public static void main(String[ ] args) throws IOException {
        FileInputStream fin = new FileInputStream("D：/test/web.jpg");
        FileOutputStream fout = new FileOutputStream("D：/test/web_bak.jpg");
```

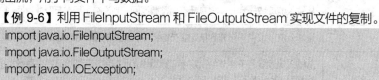

```
        int len = 0;
        while((len = fin.read()) != -1){
            fout.write(len);
        }
        fin.close();
        fout.close();
    }
}
```

程序运行结束后，在指定目录 D：/test 下自动生成了一个 web_bak.jpg 文件，其内容与 web.jpg 完全相同。上述代码从源文件中依次读取一字节然后写到目标文件中，因此目标文件中的内容与源文件中的内容完全一样，本程序可实现任意一个文件的复制。

上述代码在复制文件的过程中是一字节一字节地读写的，因此效率相对较低，与字符流类似，可采用一次读写若干字节的方式来提高读写速度，即可以一次读取若干字节并将其放到一个字节数组中，然后将字节数组中的所有内容一次性写入目标文件。

【例 9-7】一次读写若干字节实现文件的复制。

```
import java.io.FileInputStream;
import java.io.FileOutputStream;
import java.io.IOException;

public class Ex907 {
    public static void main(String[ ] args) throws IOException {
        FileInputStream fin = new FileInputStream("D：/test/web.jpg");
        FileOutputStream fout = new FileOutputStream("D：/test/web_bak1.jpg");
        byte[ ] buff = new byte[1024];
        int len = 0;
        while((len = fin.read(buff)) != -1){
            fout.write(buff, 0, len);
        }
        fin.close();
        fout.close();
    }
}
```

无论采用哪种方式进行文件的复制，其生成的目标文件与源文件内容完全相同，大小也是一致的，如图 9-13 所示。

web.jpg
JPG 文件
99.2 KB

web_bak.jpg
JPG 文件
99.2 KB

web_bak1.jpg
JPG 文件
99.2 KB

图 9-13 源文件与目标文件

2. BufferedInputStream 和 BufferedOutputStream

与字符流类似，字节流也提供了两个带缓冲区的字节流，分别是 BufferedInputStream 和 BufferedOutputStream。BufferedInputStream 用于操作字节输入流，BufferedOutputStream 用于操作字节输出流，在它们的构造方法中分别接收 InputStream 和 OutputStream 类型的参数，在读写数据时直接提供缓冲功能，无须自行创建字节数组作为缓冲区。

BufferedInputStream 和
BufferedOutputStream

【例 9-8】利用 BufferedInputStream 和 BufferedOutputStream 实现文件复制。

```java
import java.io.*;

public class Ex908 {
    public static void main(String[] args) throws IOException {
        FileInputStream fr = new FileInputStream("D：/test/web.jpg");
        BufferedInputStream bin = new BufferedInputStream(fr);
        FileOutputStream fw = new FileOutputStream("D：/test/web_bak2.jpg");
        BufferedOutputStream bout = new BufferedOutputStream(fw);
        int len = 0;
        while((len = bin.read()) != -1){
            bout.write(len);
        }
        bin.close();
        bout.close();
    }
}
```

在 BufferedInputStream 和 BufferedOutputStream 内部都定义了一个大小为 8 192 字节的数组，当调用 read()或 write()方法读写数据时，首先将读取的数据放到字节数组中，然后将字节数组中的数据一次性全部写到文件中，因此可有效提高数据的读写效率。

9.2.3 File 类

File 类

通过 I/O 流可以对文件内容进行读写操作，但对文件本身进行的一些常规操作是无法通过 I/O 流来实现的，如文件的删除或重命名、查看目录下的文件等。针对文件的这些操作，JDK 提供了一个 File 类，该类用于封装一个路径，这个路径可以是绝对路径，也可以是相对路径。封装的路径可以指向一个文件，也可以指向一个目录。File 类提供了相应的方法用于对文件或目录进行操作。

1. File 类的常用构造方法

File 类的常用构造方法如表 9-5 所示。

表 9-5　File 类的常用构造方法

方法声明	功能描述
File(String pathname)	通过指定的文件路径来创建一个新的 File 对象
File(String parent，String child)	根据指定的一个字符串类型的父路径和一个字符串类型的子路径（包括文件名称）创建一个 File 对象
File(File parent，String child)	根据指定的 File 类的父路径和字符串类型的子路径（包括文件名称）创建一个 File 对象

一般情况下，如果程序只处理一个目录或文件，并且知道该目录或文件的路径，则通常采用第一种构造方法；如果程序处理的是一个公共目录中的若干子目录或文件，则通常采用第二种或第三种构造方法。

2. File 类的常用方法

File 类的常用方法如表 9-6 所示。

表 9-6　File 类的常用方法

方法声明	功能描述
boolean exists()	判断文件或目录是否存在
boolean delete()	删除指定的文件或目录
String getName()	返回对应的文件名或目录名
String getPath()	返回对应的路径
String getAbsolutePath()	返回对应的绝对路径
String getParent()	返回指定文件或目录的父目录
boolean canRead()	判断文件或目录是否可读
boolean canWrite()	判断文件或目录是否可写
boolean isFile()	判断是否为文件
boolean isDirectory()	判断是否为目录
boolean isAbsolute()	判断是否为绝对路径
long lastModified()	返回文件最后修改时间
long length()	返回文件的长度
String[ ] list()	列出指定目录的全部内容（只是列出名称）
String[ ] list(FilenameFilter filter)	接收一个 FilenameFilter 参数，通过该参数可以只列出符合条件的文件
File[ ] listFiles()	返回指定目录中的所有文件及子目录
boolean mkdir()	创建指定目录
boolean renameTo(File dest)	文件重命名

【例 9-9】File 类常用方法使用示例。

```java
import java.io.File;

public class Ex909 {
    public static void main(String[] args) {
        File file = new File("D：/test/score.txt");
        System.out.println("文件名称：" + file.getName());
        System.out.println("文件路径：" + file.getPath());
        System.out.println("文件父目录：" + file.getParent());
        System.out.println(file.canRead()? "文件可读": "文件不可读");
        System.out.println(file.canWrite()? "文件可写": "文件不可写");
        System.out.println(file.isFile()?"是一个文件": "不是一个文件");
        System.out.println(file.isDirectory()?"是一个目录": "不是一个目录");
        System.out.println("文件大小是：" + file.length());
```

```
        System.out.println("文件最后修改时间: " + file.lastModified());
        File file1 = new File("D: /test/tmp");
        file1.mkdir();
        file.renameTo(new File("D: /test/tmp/score_bak.txt"));
    }
}
```

运行结果如图 9-14 所示。

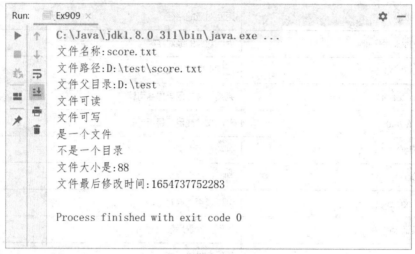

图 9-14 例 9-9 程序运行结果

上述程序的最后 3 行代码的功能是，在 D: /test 目录下创建一个新目录 tmp，然后把 D: /test/score.txt 文件重命名为 D: /test/tmp/score_bak.txt，相当于把文件 score.txt 从 D: /test 目录移动到了 D: /test/tmp 目录下，且将其名称变为 score_bak.txt。

3. File 类应用

下面通过几个具体示例来演示 File 类在实际开发中的应用。假设 D: /temp 目录中的内容如图 9-15 所示。

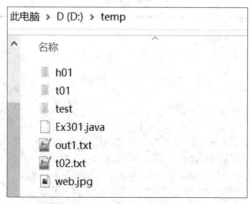

图 9-15 D: /temp 目录中的内容

【例 9-10】显示指定目录下的所有子目录和文件。

```
import java.io.File;
```

```
public class Ex910 {
    public static void main(String[ ] args) {
        File file = new File("D：/temp");
        if(file.isDirectory()){
            String[ ] fns = file.list();
            for(String fn : fns){
                System.out.println(fn);
            }
        }
    }
}
```

运行结果如图 9-16 所示。

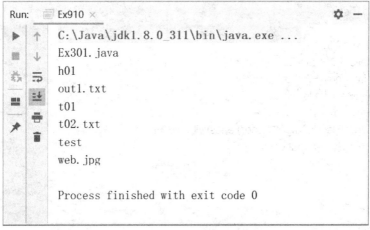

图 9-16　例 9-10 程序运行结果

【例 9-11】 显示指定目录下的所有子目录。

File 类的 listFiles()方法返回的是 File 数组，其中包含该目录下的所有文件和子目录，然后可利用 File 类的 isDirectory()方法判断数组中的每一项是否为目录。

```
import java.io.File;

public class Ex911 {
    public static void main(String[ ] args) {
        File file = new File("D：/temp");
        File[ ] files = file.listFiles();
        for(File f : files){
            if(f.isDirectory()){
                System.out.println(f);
            }
        }
    }
}
```

运行结果如图 9-17 所示。

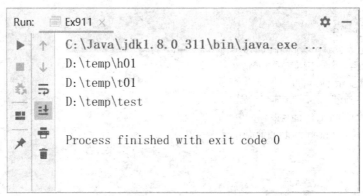

图9-17 例9-11程序运行结果

【例9-12】显示指定目录下的所有.txt文件。

```java
import java.io.File;

public class Ex912 {
    public static void main(String[] args) {
        File file = new File("D: /temp");
        File[] files = file.listFiles();
        for(File f : files){
            if(f.isFile() && f.getName().endsWith("txt")){
                System.out.println(f);
            }
        }
    }
}
```

运行结果如图9-18所示。

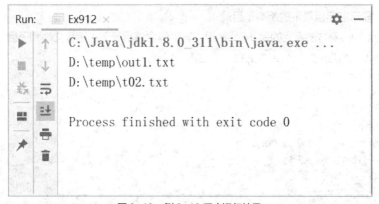

图9-18 例9-12程序运行结果

【例9-13】显示指定目录下所有以"t"开头的子目录或文件。

File类提供了一个重载的list(FilenameFilter filter)方法，该方法接收一个FilenameFilter接口类型的参数，其中定义了一个抽象方法accept(File dir，String name)用于依次对指定目录下的所有子目录或文件进行迭代。

```java
import java.io.File;
```

```
public class Ex913 {
    public static void main(String[] args) {
        File file = new File("D：/temp");
        if(file.isDirectory()){
            String[] fns = file.list((dir，name) -> name.startsWith("t") );
            for(String fn : fns){
                System.out.println(file.getPath() + "\\" + fn);
            }
        }
    }
}
```

运行结果如图 9-19 所示。

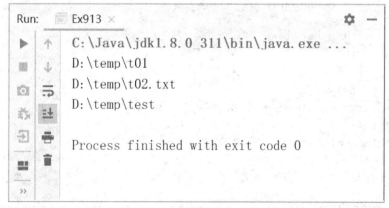

图 9-19　例 9-13 程序运行结果

9.3　任务实施

本任务需要完成学生基本信息数据的导入/导出，既可以从一个文件中直接读取学生基本信息数据，也可以把修改后的学生基本信息数据保存到文件中。

9.3.1　包的导入

要从文件中读写数据，需要用到相应的 I/O 流，因用到的类比较多，在此采用把 java.io 包中的所有类都导入的方式，代码如下。

```
import java.io.*;
```

9.3.2　数据的导入

设学生基本信息数据保存在一个文本文件中，文件中的每一行是一条学生记录，各字段用逗号分隔。在任务 8 实现的视图类 StudentView 中添加一个数据导入方法 load()，代码如下。

```
public void load() throws IOException {
    Scanner sc = new Scanner(System.in);
    System.out.print("请输入要导入的文件名：");
```

```
            String fn = sc.next();
            File file = new File(fn);
            if (file.exists()){
                BufferedReader br = new BufferedReader(new FileReader(fn));
                Stringstr ;
                while((str = br.readLine()) != null){
                    String id = str.split("，")[0];
                    String name = str.split("，")[1];
                    int math = Integer.parseInt(str.split("，")[2]);
                    int chinese = Integer.parseInt(str.split("，")[3]);
                    int english = Integer.parseInt(str.split("，")[4]);
                    Student s = new Student(id，name，math，chinese，english);
                    if (idExists(id)){
                        System.out.println("---该学生已存在---");
                    }else{
                        stuList.add(s);
                    }
                }
                br.close();
                System.out.println("---导入成功---");
            }else{
                System.out.println("---要导入的文件不存在---");
            }
        }
```

9.3.3　数据的导出

将学生基本信息数据导出到文本文件中，文件中的每一行存放一条学生记录，各字段用逗号分隔。在任务 8 实现的视图类 StudentView 中添加一个数据导出方法 save()，代码如下。

```
public void save() throws IOException {
        Scanner sc = new Scanner(System.in);
        System.out.print("请输入要导出的文件名： ");
        String fn = sc.next();
        BufferedWriter bw = new BufferedWriter(new FileWriter(fn));
        for(Student s : stuList){
            bw.write(s.toString());
            bw.newLine();
        }
        bw.close();
        System.out.println("---导出成功---");
    }
```

9.3.4　系统界面

在任务 8 实现的视图类 StudentView 中的 printMenu()方法中添加表示数据导入/导出的菜单项，在process()方法中添加相应的菜单功能逻辑处理，修改后的代码如下。

```
public void printMenu(){
        System.out.println("-----学生基本信息管理-------");
        System.out.println("add: -----添加学生信息");
        System.out.println("delete: --删除学生信息");
        System.out.println("modify: --修改学生信息");
        System.out.println("show: ----显示学生信息");
        System.out.println("find: ----查找学生信息");
        System.out.println("load: ----导入学生信息");
        System.out.println("save: ----导出学生信息");
        System.out.println("return: --返回");
        System.out.println("--------------------------");
    }

public void process() throws IOException {
        printMenu();
        while(true){
            Scanner sc = new Scanner(System.in);
            System.out.print("info>");
            String choice = sc.next();
            switch(choice){
                case "add":    add();break;
                case "modify":    modify();break;
                case "delete":    delete();break;
                case "show":    show();break;
                case "find":    showByName();break;
                case "load":    load();break;
                case "save":    save();break;
                case "return":    return;
                default: System.out.println("输入错误!!!");
            }
        }
    }
}
```

9.3.5 异常处理

在文件操作过程中可能会产生异常，需要进行异常处理，在此采取直接抛出异常的处理方式，在 main()
方法中抛出输入输出异常类，代码如下。

```
public static void main(String[ ] args) throws IOException {
        StudentView sv = new StudentView();
        sv.process();
    }
```

9.3.6 系统测试

运行程序，测试数据的导入/导出功能。
设要导入的文件中的内容如图 9-20 所示。

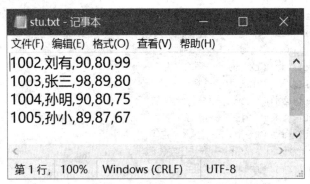

图9-20　要导入的文件中的内容

执行导入命令后的运行结果如图 9-21 所示。

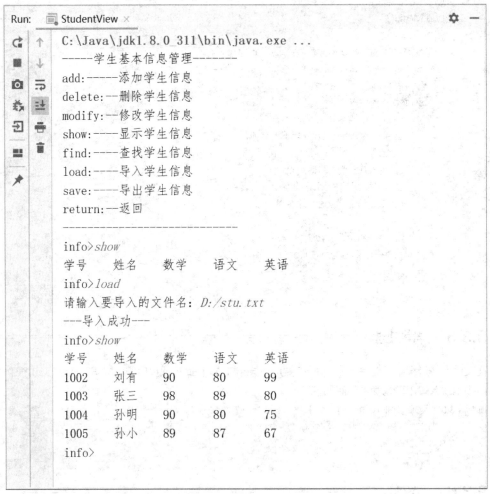

图9-21　数据导入功能

对数据进行相应的修改，然后将修改后的数据导出到文件中，结果如图 9-22 所示。

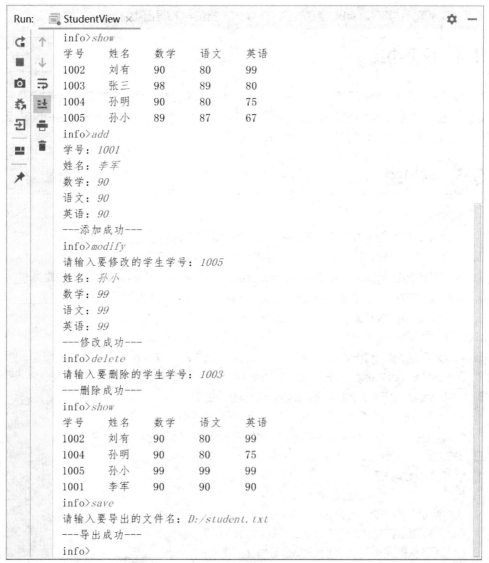

图 9-22　数据导出功能

导出文件中的内容如图 9-23 所示。

图 9-23　导出文件中的内容

由上述程序运行结果可以看出，系统能够正常完成数据的导入/导出功能。

9.4 任务小结

通过本任务的实施，我们了解了 I/O 流的分类、特点、体系结构，掌握了字节流、字符流及 File 类的基本操作方法，能够熟练使用文件进行数据的导入/导出。"不积跬步，无以至千里；不积小流，无以成江海"。学习非一日之功，需要我们平时一点一滴地积累。

9.5 练习题

一、填空题

1. Java 中的 I/O 流按照流传输方向的不同，可分为输入流和_____。
2. Java 中的 I/O 流根据流操作的数据单位的不同，可分为字节流和_____。
3. 所有的字节输入流都继承自抽象类 InputStream，所有的字符输入流都继承自抽象类_____。
4. 所有的字符输出流都继承自抽象类 Writer，所有的字节输出流都继承自抽象类_____。
5. 用于读写二进制文件的类是 FileInputStream 和_____。

二、判断题

1. 可以直接实例化一个 Reader 对象，用于从文本文件中读取数据。（   ）
2. BufferedInputStream 和 BufferedOutputStream 可直接读写外部设备中的数据。（   ）
3. FileReader 和 FileWriter 可直接读写外部设备中的数据。（   ）
4. File 类的 listFiles()方法返回的是一个 String 类型的数组。（   ）
5. 使用 FileWriter 向文件中写数据时，如果指定的文件不存在，则抛出异常。（   ）

三、选择题

1. 以下叙述错误的是_____。
   A. Java 中的 I/O 流都在 java.io 包中
   B. 所有的字节输入流都继承自 InputStream
   C. 可以直接实例化一个 InputStream 对象
   D. 可以直接实例化一个 FileInputStream 对象
2. 以下叙述错误的是_____。
   A. 所有的字节输出流都继承自 OutputStream
   B. OutputStream 是一个抽象类，不能直接实例化
   C. FileOutputStream 继承自 OutputStream，可以直接实例化
   D. FileOutputStream 用于从文件中读取数据
3. File 类中用于获取文件绝对路径的方法是_____。
   A. getPath()   B. getParent()
   C. isAbsolute()   D. getAbsolutePath()
4. 下列流中使用了缓冲区技术的是_____。
   A. FileReader   B. FileWriter   C. BufferedReader   D. FileInputStream
5. File 类中用于判断是否是目录的方法是_____。
   A. isFile()   B. isPath()   C. isDirectory()   D. exists()

四、上机练习题

1. 新建一个文本文件，写入内容"书山有路勤为径，学海无涯苦作舟！"。

2. 已知一个文本文件中存放了若干整数，一行存放一个整数，将其降序排列输出并将排序结果写到另一个文本文件中。

3. 已知一个文本文件中存放了若干学生的成绩，一行存放一个学生的成绩，形如"张芳，80，90，70"。求每个学生的平均分，并将结果写到另一个文本文件中，每行存放一个学生信息（姓名,平均分）。

4. 已知一个文本文件中存放了若干用逗号分隔的整数，求所有整数的平均值。

5. 显示指定目录下的所有.jpg 文件。

9.6 拓展实践项目——商品信息数据的导入/导出

【实践描述】

商品信息管理系统中的所有商品信息数据需要保存到文件中，需要时可从文件中读取。

【实践要求】

请根据系统功能完成商品信息数据的导入和导出，要求导入和导出文件中一行存放一个商品的信息，各字段用逗号分隔。

参 考 文 献

[1] 黑马程序员. Java 基础入门[M]. 2 版. 北京: 清华大学出版社，2018.

[2] 黑马程序员. Java 基础案例教程[M]. 北京: 人民邮电出版社，2017.

[3] 占小忆，廖志洁，周国辉. Java 程序设计案例教程[M]. 北京: 人民邮电出版社，2020.

[4] 陈芸，王华，陆蔚. Java 程序设计任务驱动式教程[M]. 北京: 清华大学出版社，2020.

[5] 李运良，车云月，彭航. Java 程序开发案例教程[M]. 北京: 清华大学出版社，2022.

[6] 马世霞. Java 程序设计[M]. 2 版. 北京: 机械工业出版社，2020.

[7] 明日科技. Java 从入门到精通[M]. 6 版. 北京: 清华大学出版社，2021.

[8] 李刚. 疯狂 Java 讲义[M]. 5 版. 北京: 电子工业出版社，2019.

[9] 李兴华. Java 从入门到项目实战[M]. 北京: 中国水利水电出版社，2019.

[10] 张玉宏. Java 从入门到精通[M]. 北京: 人民邮电出版社，2018.

下面以蚂蚁链为例，介绍区块链技术如何实现进口商品跨境溯源。

（1）在手机上下载并安装支付宝 App。打开 App，在最上面的搜索框中，输入"蚂蚁链"，在搜索结果中选择"蚂蚁链溯源"选项，如图 7-50 所示。

（2）进入蚂蚁链溯源界面，点击"扫码溯源"按钮，如图 7-51 所示。对准商品二维码进行扫描，商品二维码如图 7-52 所示，然后刮开商品二维码下面涂层区，将显示的 6 位验证码输入溯源查询验证码校验区，如图 7-53 所示。

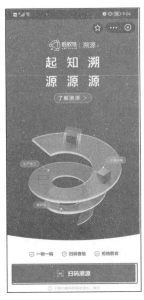

图 7-50　选择"蚂蚁链溯源"选项　　图 7-51　点击"扫码溯源"按钮　　图 7-52　商品二维码

（3）进入商品认证信息界面，如图 7-54 所示，这里显示了商品的境外原产地等信息，点击下方"区块链标识"按钮，显示蚂蚁链溯源证书，如图 7-55 所示。

图 7-53　输入溯源验证码　　图 7-54　商品认证信息界面　　图 7-55　蚂蚁链溯源证书

【知识与技能拓展】

查阅资料，了解区块链技术在其他领域的实际应用场景。根据查阅的资料，撰写一份关于区块链技术现状及其未来发展的报告。

练习与测试

一、填空题

1. 云计算按照部署类型可以分为公有云、混合云、（　　　）。
2. 物联网的 3 个特征是全面感知、（　　　）、智能计算。
3. 人工智能的 3 个基本能力包括感知能力、思考能力、（　　　）。
4. 人工智能的研究内容可以分为两个方面：智能的理论基础、（　　　）。
5. 区块链分为 3 种类型：公有链、（　　　）、私有链。

二、选择题

1. 物联网的体系架构从下到上依次是感知层、（　　）、应用层。
   - A. 物理层
   - B. 会话层
   - C. 网络层
   - D. 数据链路层
2. 大数据的 5V 特性包括容量性、多样性、高速性、（　　）和真实性。
   - A. 低耦合性
   - B. 价值性
   - C. 安全性
   - D. 共享性
3. 数据挖掘包括 6 个业务流程，分别是问题定义、数据获取、（　　）、特征选择、模型建立、预测效果。
   - A. 数据预处理
   - B. 数据加密处理
   - C. 数据智能处理
   - D. 数据优化处理
4. 一个完善、良好的虚拟现实系统应具有以下 5 个特点：沉浸性、（　　）、多感知性、构想性、自主性。
   - A. 交互性
   - B. 娱乐性
   - C. 自由性
   - D. 封闭性
5. 区块链的 5 个特征分别是（　　）、开放性、独立性、安全性、匿名性。
   - A. 可靠性
   - B. 通用性
   - C. 灵活性
   - D. 去中心化